KB273981

알-케미아

알-케미아

알
케미아

최정모 지음

현자의 돌에서 주기율표까지
연금술과 화학의 역사

바다출판사

연금술은 패배한 과학,
화학은 승리한 과학이라는 편견

과학사학자이자 과학철학자인 토머스 쿤Thomas S. Kuhn(1922-1996)은 '패러다임'이라는 개념으로 과학철학에 큰 족적을 남겼습니다. 이 개념은 현재 과학철학뿐 아니라 다양한 분야로 확장되어 사용되고 있죠. 쿤은 이 패러다임 개념을 설명하기 위해 본인의 경험을 들려 줍니다.[1] 1947년 쿤이 하버드 대학교에서 교양 과학 수업을 담당했을 때입니다. 수업 준비를 위해 고대 그리스 철학자 아리스토텔레스Aristoteles(384-322 BC)의 저작을 읽다가 문득 이런 생각이 들었답니다. '아리스토텔레스가 논리학과 생물학에 관해 남긴 글은 지금 읽어도 날카롭고 정확한데 물리학에 관해 남긴 글은 왜 이렇게 형편없을까?' 논리학과 생물학에 관한 글을 보면 아리스토텔레스가 비합리적인 사람은 분명히 아닙니다. 그렇게 총명한 사람이 왜 물리학에 대해서는 오류투성이의 글을 썼을까요?

쿤은 창밖을 바라보며 고민에 잠겼습니다. 그러다 불현듯 깨달음이 찾아왔습니다. 아리스토텔레스가 글에서 사용한 '운

동'이라는 개념이 지금 우리가 아는 운동과 전혀 다르다는 것
이었습니다. 아리스토텔레스는 그 개념을 이용하여 물질계 전
체를 이해하는 이론을 만들려 했고 그런 측면에서 볼 때 사실
아리스토텔레스는 훌륭한 과학자였던 것이죠. 여기서 저는 쿤
이 아리스토텔레스의 입장을 최대한 이해해 보려고 했다는 인
상을 받았습니다. 그저 아리스토텔레스는 무지한 고대인이라
서 오류로 가득한 글을 썼다고 결론 내릴 수도 있었을 것입니
다. 하지만 그런 단순한 판단 대신에 쿤은 왜 아리스토텔레스
가 그렇게 생각했는지 깊이 고민했습니다. 그리고 그 고민의
결과가 《과학혁명의 구조》라는 대작으로 탄생했지요.

이 책에서는 화학의 역사를 독자 여러분과 함께 돌아보고자
합니다. 역사를 돌아보는 이유는 여러 가지가 있을 수 있습니
다. 먼저 단지 역사 그 자체가 재미있어서 공부할 수 있습니다.
저는 어릴 때 《삼국지》, 《로마인 이야기》 같은 책에 푹 빠져 있
었는데 얼마나 그 이야기가 재미있는지 같은 책을 여러 번 읽
어도 질리지 않았습니다. 이러한 관심은 실제 역사에 관한 관
심으로 이어졌고 중고등학교에서도 국사와 세계사 과목을 열
심히 공부했죠. 대학교에서는 교양 과목을 역사 과목으로 채웠
고 결국 대학원에 가서는 역사학을 조금 더 진지하게 공부하기
에 이르렀습니다. 저처럼 역사를 그 자체로 흥미로워하는 분이
많이 있을 줄로 압니다.

또 화학자로서 저의 뿌리를 알고 싶은 마음도 있습니다. 제
가 처음 대학원에서 들은 과학사 과목은 '동아시아의 과학기술

사'였습니다. 저는 우리나라에 서양 과학이 어떻게 들어왔는지 그리고 우리나라에서 그것을 어떻게 소화하고 흡수했는지 궁금했습니다. 하지만 수업을 들으며 유독 '화학'의 전파와 발전에 관심이 많이 간 것은 제가 화학자인 것과 무관하지 않겠죠. 저에겐 때때로 이런 질문이 떠오릅니다. 이 방대한 화학이라는 학문은 어떻게 성장해 온 것일까? 교과서에 등장하는 여러 가지 개념은 어떻게 만들어진 것일까? 저의 선생님을 가르친 선생님은 누구이고 그분을 가르친 분은 또 누구일까? 화학사를 살펴보면 이런 질문에 대한 답을 얻을 수 있을 것입니다.

하지만 저는 무엇보다 토머스 쿤처럼 '역사 속의 화학자를 이해해 보는 것'을 이 책의 목적으로 삼고자 합니다. "역사는 승리자의 것"이라는 말이 있습니다. 역사는 후대가 기록하는 것이기에 후대의 입장에서 볼 때 승리한 사람에 대해 혹은 자신의 직계 선조에 대해 유리하게 기록한다는 것이겠죠. 과학사에는 이러한 경향이 더 쉽게 나타날 수 있습니다. 과학은 후대로 올수록 발전하기 때문이죠. 지금 우리는 '정답'을 알고 있기 때문에 과거의 과학자가 여러 이론을 가지고 싸우는 장면을 보며 정답을 주장한 사람이 승리할 수밖에 없었다고 생각해 버립니다. 정답은 정답이니까요. 그리고 정답을 말한 사람을 위대한 예지자로 보며, 심지어 모든 면에서 본받을 만한 위인으로 우상화하기도 합니다. 반대로 '오답'을 말한 사람은 과학의 발전을 가로막은 무지한 존재로 그려지곤 합니다. 하지만 실제로 그 시대로 돌아가 보면 문제는 그리 쉽지 않습니다. 정답을 주장한 사람이나 오답을 주장한 사람이나 다들 자신의 주장을 뒷받침하는 과학적 근거가 충분히 있었고 때로는 과학적 근거 외의 신념이 논쟁에 깊이 개입되기도 했습니다. 사람이 어떤 행동을 하는 데에 단일한 동기만 있는 것은 아니니까요.

대표적인 예로 연소에 관한 플로지스톤 이론과 산소 이론 사이의 논쟁을 들 수 있습니다.[2] 저는 예전에 플로지스톤 이론은 그럴싸하지만 '틀린' 이론이었고 위대한 화학자 라부아지에Antoine-Laurent Lavoisier(1743-1794)가 '올바른' 이론인 산소 이론을 가지고 나와 완벽하게 논파했다고 배웠습니다. 고정관념에 사로잡힌 일부 화학자는 산소 이론을 끝까지 거부했지만 결국 진실은 승리했다죠. 그런데 이러한 서사는 역사 속 화학자를 진리의 편에 선 승리자와 진리에 맞서 헛된 저항을 한 패배자로 나눠 버립니다. 단순하고 명쾌한 구도이지만 이 구도로는 당시 그들이 왜 그렇게 행동했는지를 이해하기 어렵습니다. 플로지스톤 이론을 지지한 사람 중에는 프리스틀리Joseph Pristley(1733-1804)처럼 뛰어난 업적을 남긴 화학자도 많이 있었습니다. 그런 명석한 사람들이 단순히 고정관념 때문에 플로지스톤 이론을 지지했을까요? 아닙니다. 그들에게 있어 플로지스톤 이론은 산소 이론 못지않게 실험 결과를 잘 설명하는 훌륭한 이론이었고 도리어 산소 이론에는 많은 약점이 있었습니다. 예를 들어 당시의 산소 이론은 어째서 연소 과정에서 빛과 열이 방출되는지를 설명할 수 없었죠. (물론 지금 우리는 그 답을 알고 있습니다.)

화학자는 아닙니다만 갈릴레오 갈릴레이Galileo Galilei(1564-1642)에 관한 이야기도 과학사에서 유명하기에 짤막하게 소개하겠습니다.[3] 우리가 흔하게 접하는 서사는 갈릴레오는 무지몽매한 종교가 과학을 억압하던 시대에 태어난 불운한 과학자로서 진리 탐구에 열중하여 여러 가지 위대한 발견을 해내 큰 명성을 얻었지만 결국 종교의 탄압으로 불행한 말년을 맞았다는 이야기입니다. 특히 무시무시한 종교재판에서 유죄 판결이 내려진 이후 "그래도 지구는 돈다"라고 중얼거렸다는 에피소드가 유명하죠. 하지만 과학사 연구를 통해 밝혀진 갈릴레오의 삶은 이런 단순한 서사로 묘사하기에는 훨씬 다채롭고 복잡합니다. 우선 "그래도 지구는 돈다" 에피소드는 실제로 일어난 사건이 아니라 갈릴레오를 존경한 후대인에 의해 각색된 이야기일 가능성이 큽니다. 그리고 갈릴레오는 순진한 과학자가 아니라 정치적으로 상당히 명민한 사람이었습니다. 그는 정치적, 재정적 후원을 받기 위해 정치인이나 종교인 등 권력을 쥔 사람에게 접근할 줄 알았고 그들이 과학자에게 원하는 것을 파악하여 내줄 줄 알았습니다.

갈릴레오의 말년 역시 단순히 종교-과학의 갈등 구도로만 해석하기에는 상당히 복잡합니다. 갈릴레오는 독실한 가톨릭 신자였기에 자신의 학설을 교회의 가르침에 위배되지 않는 형태로 발표하고자 했습니다. 그런데 때마침 오랜 친구이자 후원자인 추기경이 교황 우르바노 8세로 즉위했습니다. 우르바노 8세는 갈릴레오에게 당시 학계의 뜨거운 감자였던 태양중심설과 지구 중심설을 비교하는 책을 쓸 것을 허락하죠. 그런데 그 결과 발표된 책은 태양중심설을 노골적으로 옹호하는 책일 뿐 아니라 심지어 (갈릴레오의 의도는 아니었을 거라 짐작되지만) 지구중심설을 주장하는 사람을 멍청한 사람으로 그려 놓았습니다. 우르바노 8세는 약속을 어긴 갈릴레오에게 격노했고 그 결과 종교재판이 열렸던 것입니다. 갈릴레오가 근대 과학에 큰 업적을 남긴 위대한 과학자임에는 이견의 여지가 없습니다. 그러나 그를 그저 진리만을 탐구한 순수한 과학자, 진리에 대한 열정 때문에 종교의 발톱 아래 희생된 과학의 순교자로 기억하는 것은 실제 갈릴레오와는 상관없는 이미지를 숭배하는 셈입니다. 갈릴레오와 그의 친구, 그의 적이 왜 그렇게 행동했는지 자세히 들여다볼 때 그 모든 사람의 배경과 동기를 조금 더 이해할 수 있습니다.

이 책의 중심 소재는 사람, 즉 화학자가 될 것입니다. 과거의 화학자를 흠 없는 멋진 석고상으로 만들어 기념하는 대신 그들이 이 땅에서 숨 쉬며 살았던 사람으로서 무슨 생각을 했고, 무슨 말을 했으며, 무슨 행동을 했는지 함께 살펴보고자 합니다. 곁에 있는 사람과 직접 대화를 나누면 그를 조금 더 잘 이해할 수 있는 것처럼 시간상으로 멀리 떨어져 있는 과학자들이지만 사료를 통해 그들의 이야기를 들으며 그들을 더 깊게 이해할 수 있기를 바랍니다. 때로 그들의 모습에서 우리의 모습을 발견할 것이고 때로 배울 점을, 때로 타산지석으로 삼을 점을 찾을 수 있을 것입니다.

여기서 한 가지 생각해 볼 점이 있습니다. 우리가 다룰 '화학자'의 범위는 어디까지일까요? 현대 화학의 범위는 상당히 넓습니다. 예를 들어 라부아지에라면 화학이라고 보지 않았을 분야도 지금은 화학의 일부로 편입되었습니다. 따라서 현대 화학을 기준으로 화학자를 규정한다면 몇백 년 전에는 화학자가 아닌 사람까지 포함하게 됩니다. 이러한 방법도 장점이 있습니다만 현대의 관점을 과거에 투영하는 것이므로 우리가 당시의 시각을 이해하고자 한다면 피하는 것이 좋지 않을까 생각합니다. 그 대신 저는 비교적 단순한 해결책으로, 스스로를 화학자로 정의한 사람을 화학자로 보고자 합니다. 아직 '화학'이라는 용어가 만들어지기 전에는, 최초의 화학자가 자신들의 학문적 조상으로 여긴 사람을 추적하여 그 역사를 살펴보고자 합니다. 이는 강의 수원을 찾는 문제와 비슷합니다. 여러 물줄기가 만나고 갈라지면서 강이 흐르지만 우리는 가장 주된 줄기를 따라 올라가 그 수원을 정의합니다. 화학 역시 다른 학문 분야나 기술과 많은 상호 작용을 하며 발전해 왔지만 이 책에서는 화학자가 인식하는 '화학자'의 이야기를 다루고자 합니다.

그렇게 화학의 역사를 거슬러 올라가면 '연금술alchemy'을 만나게 됩니다. 연금술과 화학의 관계 역시 오해를 많이 받고 있습니다. 연금술은 쇳덩어리를 금덩어리로 바꾸려는 헛된 꿈을 가진 욕심쟁이들 및 사기꾼들이 추구했던 고대 및 중세의 사이비 과학으로, 비록 일부 연금술 기술이 화학의 발전에 도움을 주었더라도 과학의 일부로 간주해서는 안 된다는 생각이 그것이죠. 흔히 화학 교과서에서 연금술은 언급조차 되지 않거나,

기껏해야 제대로 된 화학이 등장하기 전의 배경 정도로 다뤄집니다. 하지만 막상 역사를 들여다보면 연금술사들이 수행했던 연구는 진지한 과학 연구였음을 알 수 있습니다. 게다가 연금술에서 현대 화학으로의 변환은 우리의 생각보다 서서히, 연속적으로 이루어졌습니다. 이 과정에서 비단 연금술의 여러 가지 실험 기법만 화학으로 전달된 것이 아니고 여러 가지 과학적 개념과 사고방식도 전달되었죠.

사실 연금술과 화학은 과학 혁명 이후인 17세기까지도 따로 구분되지 않았습니다.[4] 두 용어의 기원이라 할 수 있는 라틴어 표현이 '알케미아alchemia'와 '케미아chemia'입니다. 이들은 아랍어 정관사에서 기인한 '알al'을 제외하고는 동일한 단어이고, 17세기까지 사람들은 두 용어를 동의어처럼 사용했습니다. 당시 연금술은 과학의 한 분야로 인정받았고 보일과 뉴턴 등 후대에 이름을 남긴 과학자들도 진지하게 연금술 연구를 수행했습니다. 따라서 우리가 '역사 속의 화학자'를 이해해 보고자 한다면 연금술의 역사도 진지하게 들여다봐야 할 것입니다. 이 책에서는 이러한 점을 강조하고자 합니다. 이 책의 제목을 《알케미아》로 정한 것도 이 단어가 화학과 연금술의 연속성을 잘 상징한다고 생각했기 때문입니다.

그럼 이제 연금술의 역사를 거슬러 올라가 보겠습니다. 현대에 가까운 시기라면 연금술사의 목소리가 많이 남아 있지만 과거로 올라가면 올라갈수록 그 목소리는 점점 희미해집니다. 자료의 양이 적은 것도 문제인데 위작僞作 문제가 있습니다. 고대와 중세의 저자들은 권위 있는 사람의 이름을 빌려 글을 쓰는 것에 대해 전혀 죄책감을 느끼지 않았기 때문에 유명한 연금술사일수록 후대인이 그의 이름으로 쓴 문서가 범람했습니다. 심지어 역사적으로 실존한 인물인지조차 알 수 없는 연금술사의 이름이 여기저기 권위자로 등장합니다. 따라서 한참 뒤의 시대를 살아가는 우리는 그 당시의 역사를 정확하게 파악하기 어렵습니다. 우리가 비교적 자신 있게 연금술의 역사를 재구성할 수 있는 시대는 대략 8세기 이후의 아랍 세계입니다. 그 이전 시대에는 사료도 많지 않고 저자의 역사성도 확신하기 어렵죠. 이 시대의 연금술 문서들은 1세기에서부터 7세기까지 다양한 연대로 추정되는데 이 정도가 우리가 사료를 통해 거슬러 올라갈 수 있는 최선이 아닌가 싶습니다. 우리의 이야기는 이 희미한 시대에서부터 시작합니다.

차례

1부

연금술의 여명,
세계를 설명하려는 욕망

1장

고대 그리스,
연금술의 두 뿌리

화학의 시초는 인류가 불을 쓰기 시작한 사건이라는 선언을 들은 적이 있습니다. 일리가 있는 이야기입니다. 불로 고기를 익히든 벽돌을 굽든 진흙 그릇을 단단하게 만들든 그 과정에서 화학적 변화가 수반되니까요. 고대에도 화학적 변화를 이용하는 여러 기술이 알려져 있었습니다. 술을 빚는 기술이나 금속을 제련하는 기술 등이 대표적인 예겠죠. 그래서 이러한 기술의 역사에서 화학사 이야기를 시작하기도 합니다. 하지만 이러한 기술이 '지식 체계'로서 존재했는가는 별개의 이야기입니다. 즉 단순한 장인의 기술에서 그치는 것이 아니라 추상화된 원리를 탐구하고 여러 가지 방법으로 그 원리를 검증하는 측면이 존재했느냐는 것이죠. 이 장에서는 이러한 지식 체계로서의 연금술이 언제부터 시작했는가 따져 보겠습니다.

장인과 철학자

과학사학자들은 3세기경, 로마의 지배 아래 있던 이집트에서 연금술이 지식 체계의 형태를 띠기 시작했다고 봅니다. 이 시기부터 연금술사는 실질적인 기술뿐 아니라 이론적인 설명에 관심을 보였고 자신을 단순한 장인과는 다른 '철학자'로 여겼습니다. 이러한 지식 체계로서의 연금술은 두 가지 뿌리를 가진다고 할 수 있습니다.

첫 번째는 장인의 기술입니다. 현존하는 고대 파피루스 문서에서 복원한 초기 연금술 기법은 250여 가지에 달하며 금, 은, 보석에 관한 기술과 섬유 염색술이 담겨 있습니다. 그 대상이 값비싼 물질인 것에서 짐작할 수 있듯 이 기법들은 대부분 모조품을 만드는 기법과 모조품을 밝혀내는 기법입니다. 예를 들어 은을 금처럼 보이게 한다든지, 구리를 은처럼 보이게 하는 기법이죠. 아르키메데스Archimedes(c. 287-212 BC)가 부력을 이용해서야 비로소 시라쿠사 왕의 금관이 위조되었음을 밝혀 냈다는 '유레카' 일화에서도 알 수 있듯 고대 사람도 꽤 그럴싸한 위조 기술을 가지고 있었습니다. 디오클레티아누스 황제 Diocletianus(c. 244-311)는 "금과 은의 연금술에 관한 이집트인의 책을 모두 파괴하라"라는 명령을 내린 적이 있습니다. 이는 당시 연금술이 제국 경제에 큰 혼란을 줄 수 있을 정도로 정교한 기술이었음을 방증하는 사건입니다.

이 시기의 연금술 기록을 한 가지 구체적으로 보여 주면 다음과 같습니다. "석회, 한 움큼, 미리 갈아 둔 황, 같은 양으로. 이것들을 그릇에 같이 넣는다. 독한 식초 혹은 어린이의 오줌을 가한다. 액체가 피처럼 보일 때까지 그릇 바닥을 가열한다. 침전물을 거른 후 그대로 사용한다." 이 방법을 따라 만든 액체 속에 연마한 은 조각을 넣으면 얇은 황화 은 막이 형성되면서 금속 조각의 색이 변화합니다. 적절한 시간 동안 담그면 정말로 은을 금처럼 보이게 만들 수 있습니다.[1] 최근의 과학사학자들은 이러한 기록을 현대 실험실에서 재현해 보면서 해당 반응을 현대 화학의 관점에서 어떻게 설명할 수 있을지 살펴보고 있습니다.

기록에는 종종 전설적인 선조 연금술사가 등장합니다. 그리스 신 헤르메스Hermes, 아가토데몬Agathodemon, 이집트 신 이시스Isis를 비롯해, 클레오파트라Cleopatra(유명한 이집트 여왕과는 동명이인), 유대인 마리아Maria the Jewess 등입니다. 이들이 실존 인물이었는지는 알 수 없습니다만 이미 이 시기에 연금술은 오랜 역사가 있는 고대 기술로 취급받고 있었음을 알 수 있습니다. 어떤 학자는 연금술의 뿌리가 메소포타미아 문명까지 거슬러 올라간다고 주장하기도 합니다.[2]

하지만 이러한 기술만으로 지식 체계가 되었다고 말하기는 어렵습니다. 그래서 물질 이론이라는 연금술의 두 번째 뿌리가 필요합니다. 초기 연금술사의 주된 관심사는 금속의 변성transmutation, 즉 금속의 성질을 변화시켜 다른 금속으로 바꾸는 일이었습니다. 이들은 모든 금속이 동일한 물질로 구성되어 있다는 이론으로 이 과정을 설명하려고 했습니다. 이 생각에 따르면 각 금속의 고유한 성질은 여러 가지 기술을 사용하여 제거할 수 있습니다. 이 제거에 성공한다면 순수한 '금속 원료'를 얻을 수 있고 이 원료에 우리가 원하는 금속의 성질을 입히면 마침내 원하는 금속을 얻게 되는 것입니다.

금속의 영혼, 그 고유한 특성

지식 체계로서의 연금술을 연구한 대표적인 고대 인물로 파나폴리스의 조시모스Zosimos of Panapolis를 꼽을 수 있습니다. 그는 기원후 300년 무렵 활동한 인물로 이집트 출신입니다. 이 시기의 이집트는 로마 속주로서 그리스 문화의 영향 아래 있었고 알렉산드리아는 학문의 중심지였습니다. 조시모스도 태어난 곳은 나일강 상류의 파나폴리스이지만 아마 알렉산드리아에서 주로 활동했을 것으로 추정합니다.

조시모스는 스물여덟 권의 연금술 책을 썼다고 알려졌는데 안타깝게도 대부분은 현재 유실되었습니다. 그래도 남아 있는 사료에서 조시모스의 연금술을 어느 정도 가늠해 볼 수 있습니다. 조시모스는 금속을 '몸'과 '영혼'으로 구성된 존재로 보았습니다. 몸은 비휘발성 물질로 모든 금속에서 동일합니다. 반면 영혼은 금속의 고유한 특성을 담고 있는 휘발성 물질입니다. 불을 사용하면 영혼을 몸으로부터 분리할 수 있고 다른 영혼을 몸에 결합하면 새로운 금속을 얻을 수 있습니다. 한 사료에서 조시모스는 몸과 액체 금속 수은을 동일시하는데 훗날 연금술에서 수은이 하는 역할을 생각해 볼 때 이는 상당히 흥미로운 지점입니다.

그런데 조시모스의 글은 언뜻 읽으면 이해하기가 어렵습니다. 〈조시모스의 환상The Visions of Zosimos〉이라는 이름이 붙은 글에서 조시모스는 잠을 자면서 자신이 본 다섯 가지 환상을 전합니다. 그 중 첫 번째 환상을 요약하면 다음과 같습니다. 환상속에서 그는 그릇 모양의 제단 앞에서 이온Ion이라는 사제를 만나는데 이 사제는 아침에 어떤 사람이 물구나무로 자신에게 다가와 칼로 자신을 가르고 조각냈다고 말합니다. 그리고 그 사람이 이온의 뼈와 살을 전부 갈아서 불로 태워 버리자 이온은 영혼이 되었습니다. 대화하는 중에 조시모스가 보니 이온의 눈이 피가 되었고 이온은 모든 살을 토해 냈습니다. 이온은 작은 사람의 형상이 되어 스스로의 살을 다 뜯어낸 후 점점 사라졌습니다. 꿈에서 깬 조시모스는 "이게 물의 조성 아닌가?"라고 스스로 되묻습니다.

이게 무슨 뜻일까요? 어떤 사람은 이를 문자 그대로 꿈을 이야기한 내용으로 보고 여러 가지 신비주의적, 정신의학적 해석을 해 왔습니다. 하지만 조시모스 본인이 밝힌 바에 따르면

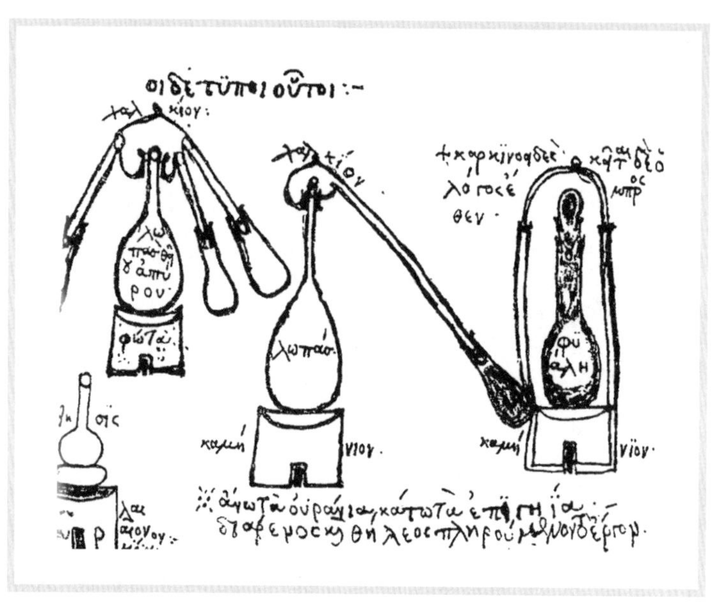

그림 1.1 15세기의 그리스어 필사본에 수록된 조시모스의 증류 장비.

이 내용은 실제 금속 변성 과정을 우화로 표현한 것입니다. 실제로 조시모스는 자신의 글에서 여러 연금술 기구를 언급합니다. 예를 들어 증류기alembic라든지, 현재도 요리에 사용하는 중탕 냄비인 뱅마리Bain-marie 등이 등장하죠. 이러한 기구는 후대 연금술 연구에도 그대로 사용되는데 만약 조시모스가 연금술 기법을 실제로 수행하지 않았다면 이런 구체적인 내용을 기록으로 남기기 어려웠을 것입니다.

따라서 조시모스의 글은 표면 그대로 읽어서는 안 되고 일종의 암호문으로 보아야 합니다. 내용을 어떻게 해석하는지 아는 사람은 이 글을 실질적인 연금술 기법으로 명확하게 이해하고 따라할 수 있지만 그렇지 못한 사람에게는 그저 기괴한 이야기로만 보일 뿐이겠죠. 이러한 신비주의적 특징은 후대의 연금술 문헌에서도 그대로 드러납니다. 정도의 차이는 있지만 오늘날의 과학 문헌처럼 명료하고 정확하게 모든 과정을 보고하는 대신에 재료의 이름을 변형하여 쓴다든지, 앞의 예에서처럼 우화를 사용한다든지 하여 피상적 의미만 읽어서는 연금술 과정을 따라 할 수 없도록 만들었습니다.

그렇다면 조시모스는 왜 이렇게 글을 꼬아서 썼을까요? 여기서 우리는 조시모스의 사상적 배경을 통해 그를 이해하려는 시도를 해야 합니다. 조시모스가 활동한 시대는 영지주의gnosism라는 사상이 크게 유행한 때였습니다. 영지주의란 1세기 후반 등장한 사상 체계로, 2-3세기에 지중해 세계에서 크게 유행하다가 기독교 교회에서 이단으로 단죄된 이후 탄압받아 4세기 이후 사라져 버렸습니다. 영지주의자는 인간이 신성한 영혼과 악한 육체로 구성되어 있다고 믿었고 영적인 깨달음gnosis을 얻으면 육체에서 자유로워져 구원을 얻을 수 있다고 믿었습니다. 이 깨달음은 공부를 통해 배울 수 있는 것이 아니라 환상 등의 계시를 통해 신비적으로 주어지는 것입니다.

영지주의자는 깨달음을 얻은 자만 이해할 수 있는 글을 썼습니다. 그래서 우화를 자주 사용했죠. 또한 의미가 명백하게 드러나는 글보다는 여러 겹의 의미를 담은 글을 많이 썼습니다. 이는 모두 조시모스가 즐겨 사용한 방법입니다. 조시모스가 물질의 구성을 설명하기 위해 사용한 육체와 영혼의 이원론 역시 영지주의의 색을 많이 띠고 있습니다. 이러한 공통점을 근거로 조시모스의 글은 종교적 가르침도 포함한다고 보는 사람도 있습니다. 즉 조시모스의 글에서 육체를 제거하고 영혼을 얻는 내용은 연금술 과정을 가리키는 것뿐 아니라 인간의 부활까지 의미하고 있다는 것이죠.

지금까지의 설명에서 알 수 있듯 조시모스의 글에는 고대 그리스 철학자의 영향보다는 영지주의의 영향이 크게 나타납니다. 또한 조시모스는 고대 그리스 철학자보다는 헤르메스나 유대인 마리아와 같은 선배 연금술사를 많이 인용합니다. 따라서 우리는 연금술의 사상적 계보가 (우리의 상식과는 달리) 그리스 물질 이론에서 시작되지 않았다는 것을 짐작할 수 있습니다. 하지만 조시모스의 시대 이후로 그리스 철학에 익숙한 학자들이 연금술에 관심을 보이면서 두 흐름이 만나게 됩니다.

세계를 보는 철학적 체계로서의 연금술

대표적인 인물로 알렉산드리아의 스테파노스Stephanos of Alexandria가 있습니다. 그는 6세기 말에서 7세기 초에 활동한 신플라톤주의 학자로, 알렉산드리아에서 태어났지만 610년경 콘스탄티노플로 이주하여 헤라클레이오스 황제Herakleios(c. 575-641)에게 학문을 가르쳤습니다. 그는 아홉 편의 논문과 한 편의 편지를 남겼는데 그 안에서 연금술을 철학적 체계로 만들려는 이론적 시도를 합니다. 스테파노스의 저작에는 아리스토텔레스 철학, 신플라톤주의, 그리스 자연철학, 초기 기독교 사상 등이 모습을 드러내며 심지어 당대의 의약학 지식까지 섭렵했습니다. 연금술을 중심으로 이러한 지식을 하나로 모아 물질 세계에 대한 확고한 설명 체계를 확립하는 것이 스테파노스의 목표였습니다.

그럼에도 여전히 영지주의의 흔적은 남아 있었습니다. 스테파노스는 연금술을 '신화적인' 연금술과 '신비적인' 연금술로 구별했는데 신화적인 연금술은 화려한 말로 치장된 가짜 지식인 반면 신비적인 연금술은 세상을 창조한 신의 말씀으로 이루어진 진짜 지식이라고 보았습니다. 영지주의의 이분법이죠. 그런데 스테파노스는 기존의 영지주의 입장에서 벗어나 합리성에 새로운 역할을 부여합니다. 그는 고대의 연금술사들이 남긴 글은 신비적인 연금술을 담고 있지만 그 의미가 분명하지 않기에 그리스 철학과 같은 합리적인 설명을 통하여 그 참된 의미가 드러날 수 있다고 보았습니다.

스테파노스 이외에도 시네시오스Synesios(4세기), 올림피오도로스Olympiodoros(6세기), 헬리오도로스Heliodoros(이후 모두 7-8세기), 테오프라스토스Theophrastos, 히에로테오스Hierotheos, 아르켈라오스Archelaos 등의 인물이 연금술에 관한 그리스어 기록을 남겼습니다. 이들은 대부분 과거의 연금술 책에 대해 주석서를 썼고 스테파노스처럼 연금술의 이론화, 철학화에 관심이 많았습니다. 다만 이들은 조시모스처럼 직접 연금술 실험을 하지는 않았을 것으로 보입니다.

이 장을 닫으면서, 마지막으로 연금술alchemy의 어원을 생각해 보겠습니다. 이 시기의 연금술은 대개 '신성한 기술'로 불리었지만 '케이메이아cheimeia'라는 호칭이 일부 문헌에 등장합니다. (심지어 디오클레티아누스의 분서 사건을 기록한 책에서도 이 단어가 나옵니다.) 그런데 이 호칭의 기원은 불분명합니다. 연금술사들 스스로 몇 가지 어원을 소개하고 있는데 예를 들어 조시모스는 두 가지 설을 남겼습니다. 한 가지는 '케메스Chemes'라는 고대 연금술사의 이름에서 왔다는 이야기이고 또 한 가지는 천사가 계시해 준 '케메우Chemeu'라는 책에서 왔다는 이야기입니다. 아무래도 단어의 모습에서 적당한 어원을 만들어 붙인 느낌입니다. 이는 조시모스의 시대에 이미 해당 단어의 기원이 유실되어 버렸다는 의미이기도 하겠죠.

근대의 역사가들은 콥트어 단어 '케메kheme'를 케이메이아의 어원으로 생각하기도 했는데요, 이 단어에는 '검정'이라는 뜻이 있고 이집트의 옛 이름으로 사용되기도 했습니다. 따라서 케이메이아는 '이집트의 기술' 혹은 '어두운 기술'이라는 의미를 담고 있다고 해석할 수 있겠죠. 한편 고대 그리스어에도 강력한 후보가 있습니다. 바로 '녹이다'라는 뜻을 가진 '케오cheo'라는 단어입니다. 이 단어가 어원이라면 '녹이는 기술'이 그 원래 의미가 되겠네요. 여전히 학자들은 여러 가지 후보를 어원으로 제시하고 있지만 역사적 증거가 더 발견되지 않는 한 무엇이 정답이라고 말하기는 어려울 것 같습니다.

2장

이슬람 연금술, 물질에 대한 체계적 학문이 되다

장인의 기술로부터 출발하여 로마 치하의 이집트에서 학문의 형태를 띠기 시작한 연금술은 비잔티움 제국으로 건너가 그리스 철학을 만났습니다. 이렇게 싹을 틔운 연금술은 이슬람 문화권으로 건너와 그 체계를 잡아 갑니다. 용어, 이론, 실험 방법 등이 정립되고 후대의 연금술사가 즐겨 인용하게 될 여러 문헌이 쓰입니다. 이 문헌들은 훗날 유럽으로 건너가 라틴어로 번역되었고 이를 바탕으로 유럽에서는 독자적인 연금술 연구가 이뤄질 수 있었습니다. 그리고 근세와 근대를 거치면서 이 연금술이 화학으로 진화하게 됩니다. 지금 사용하는 여러 화학 용어 중에도 아랍어에 그 기원을 둔 것이 있습니다. 예를 들

면 알칼리(alkali ← al-qaly), 알코올(alcohol ← al-kuhl), 벤젠(benzene
← luban jawiyy) 등이죠. 이 장에서는 대략 8세기부터 11세기까지
이슬람 문화권에서 연금술이 어떻게 발전했는지를 살펴보고자
합니다.

번역과 이슬람 연금술의 발흥

우선 이 지역의 학문적 상황을 한번 보겠습니다. 기독교가
로마 제국의 국교가 된 이후, 유럽에서는 기독교 교리를 두고
첨예한 논쟁이 벌어졌습니다. 특히 알렉산드리아, 안티오키아,
콘스탄티노플 등 그리스 학문의 중심지인 곳에서 다양한 신학
학설이 등장했죠. 국교의 통일성을 지키고자 한 로마 제국은 그
중 한 가지 학설을 '정통'으로 인정하고 나머지는 '이단'으로 명
명한 후 이단 학설을 따르는 사람을 대대적으로 박해했습니다.
박해받은 사람들은 살 곳을 찾아 뿔뿔이 흩어졌고 종파 중 하나
인 네스토리우스파 사람들은 페르시아까지 밀려왔습니다. (그들
중 일부는 심지어 중국에까지 도달한 것으로 알려져 있습니다.) 그리스
학문을 체득한 그들은 이 지역에서 선교 활동과 더불어 교육 활
동을 펼칩니다. 페르시아 왕조는 이내 그리스 학문의 가치를 알
아보았습니다. 사산 왕조의 호스로 1세Khosrow I(501-579)는 스스
로 플라톤과 아리스토텔레스의 철학을 배웠고 아테네에 서신을
보내 철학자들을 페르시아로 초청하기도 했죠.

한편 7세기 중반, 아라비아에서 선지자 무함마드Muhammad (c. 570-632)가 등장합니다. 그는 이슬람을 전파하는 것에 그치지 않고 군대를 이끌고 정복 활동을 벌였고 이후 그를 계승한 여러 이슬람 왕조 역시 마찬가지였습니다. 그들은 아라비아 반도를 통일한 후 무섭게 팽창하여 북쪽으로는 팔레스타인과 시리아를 지나 중앙아시아까지 진출했고, 동쪽으로는 페르시아를 정복하고 인더스강에 이르렀으며, 서쪽으로는 북아프리카를 지나 마침내 이베리아 반도까지 점령했습니다. 그런데 이 과정에서 문제가 하나 생겼습니다. 제국이 확장되면서 이제는 유목민 출신인 아랍인만으로 나라를 경영하기 어려워진 것입니다. 결국 이슬람 제국은 엘리트 기독교인과 페르시아인을 기용하여 통치에 활용할 수밖에 없었습니다. 이들은 그리스 학문으로 교육받은 사람들이었기에 서서히 아랍 통치자들도 그리스 학문에 눈을 떴습니다. 그리고 이슬람 제국 전역에 그리스 학문이 퍼지기 시작합니다.

이 과정에서 중요한 역할을 한 것이 번역입니다.[1] 그리스어와 시리아어로 된 그리스 학술서가 대략 10세기가 끝날 때까지 거의 모두 아랍어로 번역되었습니다. 이런 대대적인 번역 사업의 배경으로 몇 가지 요소를 생각해 볼 수 있습니다. 우선 이슬람 제국의 아바스 왕조(749-1258)는 762년, 수도를 바그다드로 옮기고 페르시아 사산 왕조의 후계자를 자처했는데 앞서 본 것처럼 사산 왕조의 왕궁은 학문을 높이 평가하던 곳이었습니다. 따라서 아바스 왕조의 통치자들도 학문을 진흥하려고 했습니다. 또한 넓은 강역을 다스리는 안정적인 정치 체제가 등장하면서 교류와 무역이 활발해지고 학자 역시 자유롭게 제국 전역을 오가게 되었습니다. 이 시기에 중국에서 종이가 수입된 것도 큰 역할을 했습니다. 새로운 책을 만드는 비용이 많이 감소했으니까요. 이러한 배경 속에서 여러 언어를 구사할 수 있는 학자들이 제국을 오가며 다양한 책을 아랍어로 번역했고 그 결과 이슬람 제국은 당대의 최신 학문을 모조리 흡수할 수 있었습니다. 그중 하나가 우리의 관심사인 연금술입니다.

연금술은 상대적으로 이른 시기인 700년대에 이슬람 제국에 소개된 것으로 보입니다. 그 전파 과정을 정확히 알 수는 없지만 한 가지 사료에 따르면 우마이야 왕조의 왕자인 할리드 이븐 야지드Khalid ibn Yazid(c. 668-704/708)가 비잔티움 제국 출신 수도사인 모리에누스Morienus에게서 연금술을 배워 이슬람 세계 최초의 연금술사가 되었다고 합니다.[2] 할리드는 실존 인물이지만 모리에누스는 이 기록 외에 그의 실존 여부를 확인할 수 있는 기록이 존재하지 않습니다. 한 가지 재미있는 것은 모리에누스에게 연금술을 가르친 스승이 알렉산드리아의 스테파노스라고 나온다는 점입니다. 바로 1장에서 중요한 저작을 남긴 연금술사로 소개한 사람이죠. 만약 이 기록이 사실이라면 이슬람 연금술은 초창기부터 정통 그리스 연금술을 배웠다고 할 수 있겠습니다.

그 전파 과정이 실제로 어떻든 연금술을 처음 접한 이슬람 세계는 그 내용을 이해하고 익히는 데 급급했을 것입니다. 하

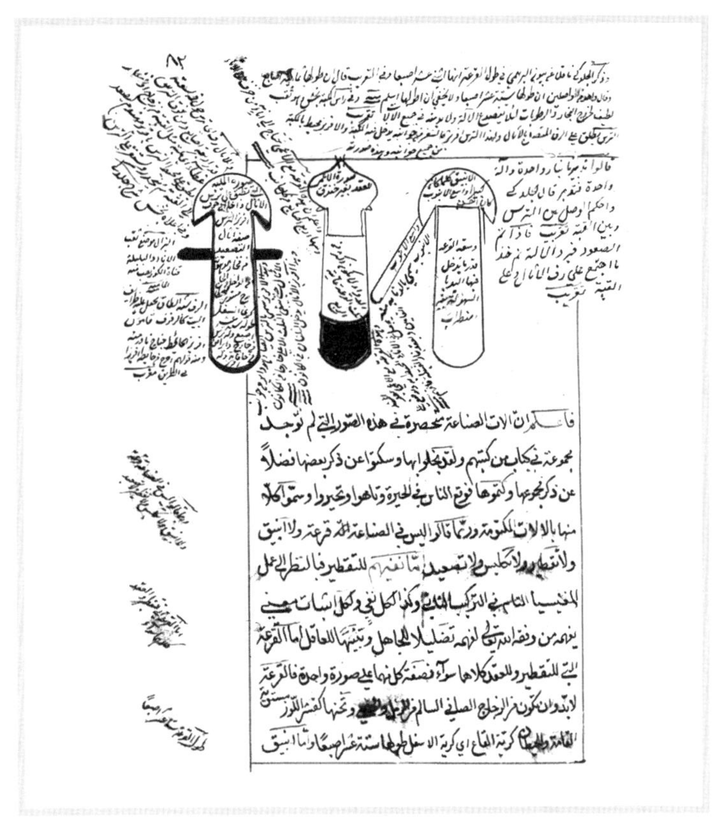

그림 2.1 12세기 이슬람 연금술 문헌의 18세기 필사본 중 한 페이지.

지만 그 내용을 완벽히 소화해 내자 이제 새로운 내용을 더할 수 있는 능력이 갖춰졌습니다. 이 능력을 대표하는 사람이 자비르 이븐 하이얀Jabir ibn Hayyan(721-815)입니다. 그는 연금술에 관한 수많은 저작을 남겼고 위대한 연금술사로 추앙받았으며 이후 유럽 세계에는 라틴식 이름 게베르Geber로 소개되었습니다. 여기서 한 가지 주의가 필요한데 바로 그의 이름으로 된 글이 전부 그가 쓴 글은 아니라는 점입니다. 그가 죽은 후에 그의 이름을 붙인 많은 글이 등장했고 그 결과 글마다 서로 모순되는 내용도 많이 등장합니다. 자비르가 실존 인물이기는 한지, 만약 그렇다면 자비르가 직접 쓴 글이 정확히 어떤 것인지, 그 글들을 어떻게 해석해야 하는지는 학자마다 의견이 다릅니다. 여기에서는 많은 학자가 동의하는 자비르의 금속 변성 이론 체계를 소개해 보고자 합니다.

순수한 1차 성질 물질이라는 개념

첫 번째로 금속의 수은-황 이론이 있습니다. 이 이론은 아리스토텔레스에게로 거슬러 올라가는데요, 아리스토텔레스는 지구 중심에서 두 가지 종류의 증기, 즉 축축한 증기와 건조한 증기가 발생하고 이것들이 지하에서 적절한 비율로 응축되면 여러 광물이 형성된다고 설명했습니다. 자비르는 이 이론을 발전시켜 모든 금속은 수은(축축한 증기에 대응)과 황(건조한 증기에 대응)으로 구성되어 있다고 주장합니다. 여기서 수은과 황은 진짜 수은과 진짜 황을 이야기하는 것이 아니고 수은/황과 유사한 성질을 가진 어떤 성분을 가리킨다고 보면 되겠습니다. 이슬람 연금술사도 수은과 황을 반응시키면 황화 수은이 된다는 것 정도는 알고 있었으니까요. 자비르에 따르면 순수한 수은과 황이 정확한 비율로 결합하면 금이 형성되지만 그 비율이 빗나

가면 그보다 저급한 금속인 납, 철, 구리 등이 형성됩니다. 이로 써 금속의 변성에 관한 이론적 토대가 마련되었습니다. 이 간 단한 수은-황 이론은 연금술에서 막대한 영향력을 행사했고 심지어 18세기의 화학자 중에도 이러한 개념을 활용한 사람들 이 있었습니다.

두 번째는 4원소설입니다. 아리스토텔레스가 주장한 4원소 설에 따르면, 불, 공기, 물, 흙의 네 가지 원소가 세상을 이루고 있 고 이 원소들은 1차 성질을 두 개씩 가지고 있습니다. 1차 성질이 란 뜨거움/차가움과 축축함/건조함으로, 불은 뜨거움과 건조함 을, 공기는 뜨거움과 축축함을, 물은 차가움과 축축함을, 흙은 차 가움과 건조함을 가지고 있죠. (자세한 설명은 5장을 참고해 주십시 오.) 자비르는 이 개념을 한 단계 더 발전시킵니다. 그는 각 1차 성 질을 순수하게 정제할 수 있다고 믿었습니다. 즉 연금술 기법을 잘 활용하면 순수한 뜨거움, 순수한 차가움, 순수한 축축함, 순수 한 건조함을 가진 물질을 뽑아낼 수 있다는 것이죠. 수은-황 이 론과 연결하면 수은에서는 차가움과 축축함을, 황에서는 뜨거움 과 건조함을 정제할 수 있다고 합니다. 그리고 이렇게 뽑아낸 순 수한 1차 성질 물질을 잘 조합하면 금속을 변성할 수 있는 작용 제를 만들어 낼 수 있다고 믿었습니다.

그렇다면 금을 이루고 있는 순수한 1차 성질 물질의 비율은 어떻게 알 수 있을까요? 자비르는 수비학numerology 체계를 빌려 옵니다. 수비학은 피타고라스와 고대 유대교에까지 거슬러 올 라갈 수 있을 만큼 오랜 역사를 가진 사상으로, 글자를 숫자에 대응해 어떤 단어 등의 의미를 파헤치는 작업을 말합니다. 오늘날의 우리에게는 다소 비과학적으로 보일 수도 있겠습니다만 당시에는 진지한 연구 방법 중 하나였죠. 자비르는 28개로 구성된 아랍어 알파벳을 이용하여 각 금속의 이름을 스물여덟 개의 등급으로 변환했고 이로써 각 금속에 담긴 1차 성질 물질의 비율을 찾아냅니다.

이제 작용제를 만들어 볼 차례입니다. 여기서는 고대 그리스 의학의 대부 갈레노스Galenos(129-199)의 이론이 사용됩니다. 갈레노스는 인체가 혈액, 점액, 황담즙, 흑담즙을 담고 있고 이것들 사이의 균형이 맞아야 건강하다는 4체액설을 주장했는데 갈레노스의 이론에 따르면 그 균형이 깨질 때 병이 드는 것이고 의학적 치료란 그 균형을 다시 맞춰 주는 것이었습니다. 자비르는 이를 연금술 과정에 적용했습니다. 예를 들어 자비르 체계에서 금은 뜨겁고 축축한 금속이고, 납은 차갑고 건조한 금속입니다. 납으로부터 금을 만들기 위해서는 순수한 뜨거움과 순수한 축축함을 가진 물질을 알맞은 비율로 섞어 납에 넣어 주면 되는 것이지요.

이렇게 순수한 1차 성질 물질을 조합해 만든 작용제를 엘릭시르elixir라고 부릅니다. 이 단어 역시 자비르가 처음 썼는데 그리스어로 '치료제'라는 의미를 담고 있던 크세리온xerion이라는 단어를 그가 아랍어로 번역하여 알이크시르al-iksir라고 불렀고 이 단어가 훗날 라틴어로 번역되면서 엘릭시르가 된 것입니다. 자비르에 따르면 엘릭시르에는 순수한 정도에 따라 세 가지 단계가 존재하는데 첫 두 단계의 엘릭시르는 한 종류의 금속에만 적용되고 효과도 크지 않은 반면 최종 단계의 엘릭시르는 어떤 금속이든 전부 금으로 변성할 수 있는 최고의 엘릭시르라고 합니다. 이 엘릭시르를 얻기 위해서는 어마어마한 노력을 기울여서 순도가 극도로 높은 1차 성질 물질을 정제해 내야 하지요.

당시의 배경을 염두에 두고 자비르의 이론을 살펴보면 그는 당시 이슬람 세계에 소개된 고대 그리스의 다양한 이론(아리스토텔레스, 수비학, 갈레노스 등)을 섭렵하여 깊이 이해하고 발전시켜 연금술 이론을 만들어 냈다는 것을 알 수 있습니다. 게다가 그는 실제로 연금술 실험을 많이 시도한 것으로 보입니다. 그리스 연금술에서는 주로 금속과 광물을 재료로 삼은 반면 자비르는 동물과 식물로부터 채취한 새로운 물질도 여럿 사용했습니다. 또한 그는 연금술 실험 절차에 대해 상세한 기록을 남기기도 했죠. 그럼에도 자비르의 저작은 이해하기 쉽지 않은데 그리스 연금술사들과 마찬가지로 그 역시 한 번에 이해되는 설명을 의도적으로 피했기 때문입니다. 그는 자신의 이론을 한군데에서 체계적으로 설명하는 대신 자신의 저작 여기저기에 흩어 놓았고 연금술에 대한 기존 지식을 갖춘 사람들만이 이해할 수 있게 썼습니다.

연금술은 그럴싸한 사기인가

자비르 이후 이슬람 연금술은 황금기를 맞이하는데요, 이 시기를 상징하는 사람으로 아부 바크르 알라지Abu Bakr al-Razi(865–925)가 있습니다. 알라지는 의사 출신으로 최소한 스물한 권의 연금술 서적을 집필했다고 알려져 있고 그의 저작들은 16세기까지 유럽 세계에서 권위를 인정받았습니다. 그 역시 라틴식 이름 라제스Rhazes를 가지고 있죠. 그는 자비르의 균형 이론을 거부하고 그 대신에 수은-황 이론을 발전시킵니다. 그는 금속에만 적용되던 기존 이론을 확장하여 다양한 광물과 유리를 보석으로 변환하는 데에도 이용하고자 했고 수은과 황에 더해 염salt이라는 새로운 원소를 도입합니다. 그런데 알라지가 독특한 것은 그가 이론보다는 실제 연금술 실험에 큰 관심을 보였다는 것입니다. 그는 연금술사가 쓰는 도구와 의사가 약을 만들 때 사용한 도구를 집대성했고 증류, 하소calcination, 煆燒(금속을 태우거나 녹슬게 하는 것), 용해, 증발, 결정화, 승화, 정제 등의 실험 방법을 상세히 설명합니다. 연금술 재료에 대해서도 최초로 광물성/식물성/동물성 재료로 나누는 체계적인 분류법을 선보이고 이런 재료를 알아보는 방법과 정제하는 방법을 소개합니다. 이는 후대에 큰 영향을 미치죠.

하지만 모두가 연금술에 열광한 것은 아니었습니다. 사실 의심의 눈으로 바라보는 사람들도 있었죠. 대표적인 사람이 라틴식 이름 아비켄나Avicenna로 널리 알려진 이븐 시나ibn-Sina

(980-1037)입니다. 이슬람 의학을 대표하는 의학자인 그는 연금술에 대해서도 아주 잘 알고 있었습니다. 그는 증류 기법을 이용해 식물에서 다양한 추출물을 얻었고 수은-황 이론을 이용하여 광물과 금속의 형성을 설명했습니다. 하지만 그는 인위적으로 성분의 비율을 조절하여 원하는 물질을 만들 수는 없다고 보았습니다. 왜 그랬을까요? 그는 자연이 인간보다 우월하다고 믿었고 인간이 아무리 노력해도 자연적으로 형성된 물질과 같은 물질을 완벽하게 만들어 낼 수는 없다고 주장했습니다. 따라서 연금술사가 금과 유사한 물질까지는 만들 수 있을지 몰라도 금 자체를 만들 수는 없다는 것이 그의 결론이었습니다. 이슬람 연금술사가 비판 없이 과거의 권위를 맹종한 것이 아님을 보여 주는 좋은 예라 할 수 있겠습니다.

이슬람 연금술은 연금술의 이론과 실천 면에서 모두 큰 발자취를 남겼습니다. 하지만 그 중요성에 비해 아직 역사적으로 명확하지 않은 사실이 많습니다. 이는 과학사 연구가 주로 유럽에서 진행된 것과 무관하지 않습니다. 이슬람권의 사료는 유럽 사료에 비해 아직 정리가 많이 안 되어 있고 아랍 문헌을 능숙하게 읽을 수 있으면서 동시에 연금술에 관심을 가진 학자도 많지 않기 때문이죠. 그래서 과거의 많은 연구는 라틴어 번역본을 중심으로 이루어질 수밖에 없었고 위작이나 오역 등의 문제가 항상 따라다녔습니다. 최근 들어서 아랍어 원전을 발굴하여 라틴어 번역본과 비교하는 연구가 활발히 진행되고 있으니 이러한 안개가 조금씩 걷히길 기대해 봅니다.

3장

중세 유럽,
현자의 돌을 찾아서

연금술은 그리스 문화권에서 시작되어 이슬람 문화권을 거쳐 라틴 문화권으로 들어옵니다. 그리고 바로 이곳 유럽에서 연금술은 더욱 발전하여 마침내 화학을 낳습니다. 이 장에서는 12세기에서 15세기에 중세 유럽에서 발전한 연금술에 관해 이야기해 보겠습니다.

연금술, 풍부한 이론과 실험으로 꽃핀 '학문'

그리스 문화권의 연금술이 번역을 통해 이슬람 문화권으로 전파되었듯이 이슬람 문화권의 연금술은 또다시 번역을 통해 유럽으로 들어옵니다. 역사학자들이 '12세기 르네상스'라고 부르는 시대가 그 배경입니다.[1] 대략 1050년에서 1250년에 달하는 시기에 서유럽은 문화적, 지적 활동의 모든 영역에서 큰 변화를 겪게 됩니다. 이 시기 유럽은 상대적으로 평화로웠고 정치적으로도 안정적이었습니다. 인구가 증가하고 이주와 개간 등을 통해 전반적으로 생산력이 향상됨과 동시에 화폐를 중심으로 상업화가 급속도로 이루어졌습니다. 이러한 배경 속에서 학문적인 열정 또한 유럽 전역에 걸쳐 불타오르기 시작했죠. (이 시기에 등장한 것이 바로 초기 대학입니다. 배움에 대한 갈망이 있는 학생과 지식을 가르치면서 돈을 벌고 싶은 교사의 이해관계가 맞아 형성된 길드 조직이었죠.)

이러한 지적 열망에 불을 붙인 것이 새로운 책입니다. 당시 유럽 국가는 이슬람의 지배 아래 있던 이베리아 반도를 야금야금 기독교의 영토로 가져오고 있었고 역시 이슬람의 지배 아래 있던 시칠리아도 정복하는 데 성공합니다(1072년). 이 새로 정복한 지역에서 많은 양의 아랍어 책이 발견되었죠. 그중에는 그리스 철학자의 저작도 있었지만 이슬람 학자의 저작도 있었습니다. 학문에 대한 갈증에 시달리던 사람들은 즉각 달라붙어 번역을 시작했고 한 세기 안에 대부분을 라틴어로 번역해 냅니다. 이렇게 번역된 책을 통해 유럽인은 새로운 사상을 많이 접하게 되었습니다. 이는 유럽 학문 세계에 어마어마한 충격을 주었고 특히 철학, 신학, 과학의 각 분야는 새로 쓰였다고 해도 과언이 아니었죠. 연금술도 이러한 번역 바람을 타고 유럽으로 들어옵니다.

유럽 최초의 연금술 책은 《연금술의 구성에 관한 책Liber de compositione alchemia》으로 알려져 있습니다. 이 책은 최초로 꾸란을 라틴어로 번역한 사람인 체스터의 로버트Robert of Chester가 1144년 번역했는데 2장에서 살펴본 할리드와 모리에누스에 관한 《마리누스의 편지Risalah Marinus》를 원본으로 합니다. 공교롭게도 이들은 최초로 이슬람 문화권에 연금술을 소개한 것으로 알려진 인물입니다. 즉 라틴 문화권에서 최초로 연금술을 소개한 책은, 이슬람 문화권에 최초로 연금술을 소개한 인물에 관한 이야기를 담은 것입니다. 이 책 이후 자비르, 알라지, 이븐 시나 등이 저술한 연금술 서적이 봇물 터지듯 라틴어로 쏟아져 나옵니다. 그런데 지난 장에서 이슬람 문화권에서는 연금술의 진실성을 확신하며 연구한 사람도 있었지만 이븐 시나처럼 연금술을 의심한 사람도 있었다고 이야기했습니다. 라틴 세계는 우등생답게 이두 가지 입장을 모두 열심히 공부해서 흡수했습니다.

우선 중세 유럽의 연금술 연구를 살펴보겠습니다. 이 시기 책의 한 가지 특징은 이론과 실천이 모두 중요하게 다루어졌다는 점입니다. 대부분의 연금술 책은 이론적 설명theorica이 등장하고 이어 실험 기법practica이 등장하는 구조로 구성되어 있었습니다. 실험 기법으로는 금속뿐 아니라 다양한 물질을 합성하고 정제하는 방법이 소개되었고 색소, 접착제, 유리 등을 제조하는 방법도 등장합니다. 실험 기법도 다채로웠습니다. 승화, 증류,

용해, 응고, 침전, 결정화 등이 널리 사용되었죠. 이러한 노력에 힘입어 당시 사회에서 연금술사는 학자이자 장인으로 간주되었고 뒤에서 설명할 이유로 인해 신비한 예언가의 이미지까지 얻게 되었습니다.[2]

13세기 전반에 들어서면서 유럽 학자들도 자신들의 연구 성과를 책으로 내기 시작했습니다. 이슬람 연금술에 대한 이해가 깊어지면서 자신들의 이론 및 경험과 비교하여 받아들일 건 받아들이고 비판할 건 비판했죠. 스콜라 철학자 알베르투스 마그누스Albertus Magnus(c. 1200-1280)는 《광물에 관하여De Mineralibus》를 저술했는데 이 책에서 그는 다양한 연금술 번역서를 인용하면서 자신만의 이론을 전개해 나갑니다. 예를 들어 기존의 수은-황 이론을 확장하여 황을 가연성 여부에 따라 두 가지로 나누었는데 가연성인 황은 '외재적' 황, 비가연성인 황은 '내재적' 황을 이루고 있죠. 은을 가열하면 황과 유사한 냄새가 풍깁니다. 알베르투스는 이것이 외재적 황이 공기 중으로 날아가는 현상이라고 보았습니다. 반면 내재적 황은 여전히 은 속에 남아 있고요.

알베르투스의 이론은 중세 유럽을 대표하는 연금술 책,《완전성 대전Summa Perfectionis》으로 이어집니다. 이 책은 이슬람 연금술사 자비르의 라틴식 이름, 즉 게베르가 썼다고 하는데 학자들은 자비르의 이름만 빌린 후대의 위작으로 봅니다. 가짜 게베르인 것이죠. 아마도 이 책은 13세기 후반에 쓰였을 것으로 생각됩니다. 그런데 놀랍게도 이 위작이 어마어마한 명작이었습니다. 이

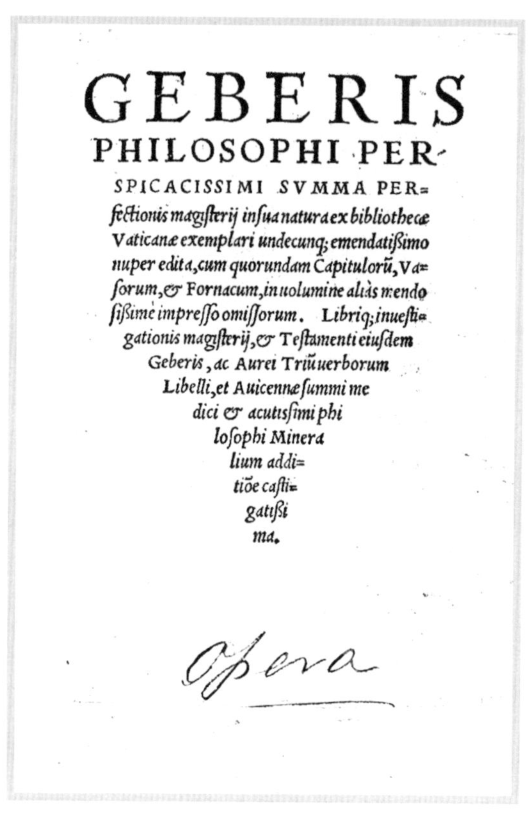

그림 3.1 《완전성 대전》의 1542년 판본.

책은 금속의 변성이 가능한지에 대한 논의부터 시작합니다. 찬성하는 논증과 반대하는 논증을 모아 꼼꼼히 살펴본 후 가능하다는 결론을 내리죠. 이어 금속과 광물에 대해 알려진 사실을 정리한 다음 이것들에 대해 수행할 수 있는 여러 가지 연금술 기법과 장치를 소개합니다. 책의 마지막 부분에서는 금속의 진위를 판별하는 방법과 다양한 등급의 변성제를 다루고 있죠. 이 책은 중세는 물론 17세기까지도 권위 있는 연금술 교재로 널리 사용되었습니다.

현자의 돌과 제5원소

가짜 게베르는 금속을 변성할 수 있는 변성제(엘릭시르)에는 세 단계 등급이 있다고 보았습니다. 첫 번째 등급의 변성제는 피상적인 변화만 일으킬 뿐입니다. 예를 들어 싸구려 금속을 금이나 은처럼 보이게 만드는 기술이 여기 속합니다. 두 번째는 금속의 일부 성질을 바꾸는 것이고 마지막 등급의 변성제는 금속을 정말로 변성할 수 있습니다. 여기서 주목할 점이 있습니다. 가짜 게베르는 연금술이 단순히 자연을 흉내 내는 기술이 아니라 자연이 금속을 변성하는 동일한 과정을 그대로 수행하는 것이라고 주장했습니다.

변성제의 세 단계 구분은 원조 자비르에게서 나온 생각이었지만 가짜 게베르는 연금술이 자연을 그대로 따라가야 한다고 믿었기 때문에 거기에 새로운 개념을 추가했습니다. 자연은 쉽게 변하는 물질을 가지고 변성제를 삼지 않을 것이므로, 전통적으로 연금술에서 변성제의 성분으로 여긴 기름이나 진액 등은 변성제가 될 수 없다는 것이었습니다. 그렇다면 광물, 그것도 안정적으로 존재하는 수은이 변성제의 주성분이 되어야 합니다. 이런 이유로 이 변성제에 '현자의 돌 Philosophers' Stone'이라는 이름이 붙습니다. (해리포터 시리즈에서는 '마법사의 돌'로 번역되었죠.) 특히 수은의 역할이 강조된 덕분에 14세기에는 수은만 이용하여 현자의 돌을 얻으려는 시도가 많이 이루어집니다.

가짜 게베르는 물질의 성질을 띤 가장 작은 '입자'라는 개념을 도입하여 연금술 이론을 한층 발전시킵니다. 가짜 게베르에 따르면 금속은 그 구성 요소인 수은 입자와 황 입자가 서로 뭉쳐서 형성됩니다. 싸구려 금속은 여기에 불순물 입자까지 함께 뭉쳐 있습니다. 금속별로 뭉쳐진 덩어리의 크기가 달라지는데 예를 들어 금을 구성하는 수은-황 덩어리의 크기가 주석의 경우보다 더 작습니다. 가짜 게베르는 이 이론을 이용해 여러 가지 물리적, 화학적 관찰 사실을 설명했습니다. 우선 금이 주석보다 무거운 이유는 금을 구성하는 덩어리의 크기가 더 작고 이들이 빈틈이 별로 없이 빽빽하게 뭉쳐 있기 때문입니다. 증류 등 연금술 기법이 성공적으로 작용하는 것은 이러한 방법이 서로 다른 크기의 덩어리를 분리하는 방법이기 때문입니다. 그리고 이 이론을 이용하면 금이 더 안정한 이유도 설명할 수 있습니다. 사이에 공간이 별로 없으므로 다른 입자들이 끼어들어서 전체 금속을 파괴할 가능성이 더 작은 것이지요. 반면 주석은 사이에 공간이 널찍하게 있어서 불을 가했을 때 불이 입자 사이의 구멍으로 들어와 전체 금속을 파괴하여 가루로 만들어 버립니다. 정확히 같은 개념은 아니지만 원자 및 분자와 같은 기본 입자 개념이 이 당시에도 이미 존재했음을 알 수 있습니다.

14세기에 활동한 로크타이야드의 장Jean de Roquetaillade(c. 1310-

1370)은 프란치스코 수사 출신으로 많은 연금술 서적을 남겼습니다. 《빛의 책Liber luci》에서 그는 현자의 돌을 얻을 수 있는 연금술 기법을 소개합니다. 이 책에 따르면 정제한 수은과 녹반綠礬(황산 철)을 시작 물질로 하여 복잡한 용해와 정제 과정을 거치면 현자의 돌을 얻을 수 있습니다. 재미있는 것은 이 첫 번째 단계에 질량 보존의 개념이 등장한다는 것입니다. 장은 수은과 녹반을 섞어서 가열하면 녹반이 사라짐에도 수은의 무게가 변하지 않는다는 점을 지적하면서 녹반에 들어 있는 '보이지 않는 황'이 수은에 결합한 것이 틀림없다고 말합니다. 이 책의 서술은 구체적이고 상세합니다. 그러나 안타깝게도 현대 화학자가 그 설명을 그대로 따라 해도 현자의 돌을 얻지는 못하죠. 어쩌면 중간 어느 단계에서부터는 직접 관찰한 사실이 아니라 그렇게 되길 바라는 기대를 쓴 것이 아닌가 싶습니다.

로크타이야드의 장은 《제5원소의 고찰De consideratione quintae essentiae》에서 연금술의 새로운 방향을 제시합니다. 바로 의약 연금술입니다. 장은 와인을 증류하여 '생명의 물aqua vitae'을 얻었고 이 물에 음식을 담으면 썩지 않는다는 사실을 발견했습니다. 이로부터 그는 이 생명의 물이 부패를 막을뿐더러 질병과 노화에서 인간을 구할 수 있다고 믿었습니다. (우리는 이 생명의 물이 무엇인지 알고 있습니다. 바로 에탄올이죠.) 그는 연금술을 당시의 의술과 결합하여 알려진 약초들을 생명의 물에 담그면 더 약효가 좋은 약을 얻을 수 있다고 주장했습니다. 금은 오랫동안 심장에 좋다고 믿어져 왔는데 장은 생명의 물을 이용해 금의 약효를 더 강화할 방법을 제시합니다. 생명의 물이 이런 놀라운 성질을 가진 이유는 그에 따르면 생명의 물이 와인의 제5원소이기 때문입니다. 4원소설에서 지상의 여러 물질은 네 개의 원소로 구성되어 있지만 천상의 천체는 영원불변한 다섯 번째 원소로 구성되어 있습니다. 따라서 물질 속에서 제5원소를 뽑아낼 수 있다면 그 물질은 영원불변할 것입니다. 장은 유해한 금속에서도 제5원소만 뽑아내면 약으로 쓸 수 있다고 생각했고 이렇게 약을 만들 수 있는 기법을 여럿 소개합니다.

연금술은 자연보다 우월한가 열등한가

이제 이슬람 연금술의 두 번째 자식, 연금술에 대한 비판을 살펴보겠습니다. 이븐 시나의 저작이 라틴어로 번역되면서 그 안에 담긴 연금술 비판이 유럽 사회에도 널리 알려졌습니다. 그 주장의 핵심은 인간의 기술은 자연보다 열등하므로 아무리 연금술이 그럴싸한 결과를 보여 준다 해도 자연에 존재하는 금이나 은과 같을 수 없다는 것이었습니다. 이 논증은 강력했습니다. 실제로 연금술사가 만들었다고 주장하는 여러 금속을 시험해 보면 원래 금속이 가지는 성질을 갖지 않은 경우가 많았기 때문입니다. 또한 설사 우리가 차이점을 전혀 찾아내지 못할 정도로 정교하게 가짜 금을 만들 수 있다 하더라도 어떤 숨겨진 성질이 진짜 금과 다를지 모르는 일입니다. 따라서 연금술사가 만든 금속을 약으로 쓰는 것은 위험한 일입니다. 몸에 들어와 무슨 일을 일으킬지 모르니까요. 이미 가짜 게베르의 시대인 13세기에 이러한 비판이 압도적이었습니다.

이러한 분위기 속에서 연금술에 우호적인 학자들도 논증을 개발했습니다. 로저 베이컨Roger Bacon(c. 1214-1294)은 연금술에 대한 비판을 뒤집어서 이런 주장을 했습니다. "인간의 기술은 자연보다 열등하지 않다. 도리어 자연보다 더 강력하다!" 베이컨은 연금술 기법을 활용하면 자연의 물질을 하나하나 분석해 낼 수 있다고 믿었고 그렇게 얻은 지식은 더 참된 지식이라고 믿었습니다.

그렇다면 연금술은 자연보다 우월할까요, 열등할까요? 이 문제에 답을 낼 수 있다면 연금술의 가치를 알 수 있을 겁니다. 교황 요한 22세(r. 1316-1334)는 연금술에 대한 토론회를 열어서 양쪽의 견해를 들었고 1317년 다음과 같은 교서를 발표합니다. "그들은 제공할 수 없는 부를 약속한다." 즉 교황은 연금술이 실제로 금과 은을 만들어 내는 것이 아니라 위조품을 만들 뿐이라는 결론을 내렸습니다. 그리고 연금술로 만든 금속을 팔거나 이용하는 사람을 처벌하겠다고 공표했죠. 연금술은 패배했습니다.

하지만 예상과는 달리 이 교서가 직접적인 박해를 낳지는 않았고 여전히 연금술사는 연금술 연구를 지속할 수 있었습니다. 다만 이러한 부정적인 사회 분위기 속에서 14세기를 지나면서 연금술에는 신비주의와 종교성이라는 두 가지 색이 입혀지게 됩니다. 이전 시대의 책인 가짜 게베르의 《완전성 대전》은 명확하고 상세하게 기술되어 있었습니다. 반면 14세기 연금술 서적은 비유와 가짜 명칭으로 점철되어 있었죠. (그래서 후대 사람들이 연금술을 신비주의로 해석하는 빌미를 제공하게 됩니다.) 연금술 서적의 저자들은 가짜 이름 뒤로 숨었습니다. 이전 시대의 유명한 학자인 알베르투스, 로저 베이컨, 토마스 아퀴나스, 심지어 이븐 시나와 같은 이름이 자주 사용되었습니다.

또 다른 생존 전략으로 사용된 것은 기독교적 맥락 속에서 연금술의 중요성을 강조하는 것이었습니다. 당시 활동했던 '예언자' 중에는 기독교 성서에 기록된 대환란 시대가 곧 찾아온다고 주장한 사람이 많았습니다. 이들은 이 대환란 시대에 교회가 견디기 위해서는 부와 건강이 필요하다고 믿었고 이를 위해 연금술을 열심히 연구해야 한다고 주장했습니다. 여기서 한 걸음 더 나아간 입장도 있었습니다. 아예 연금술의 기독교적 의미를 찾아내는 시도였는데요, 바로 연금술 기법과 예수의 삶을 병치하는 것이었습니다. 이들에 따르면 예수 그리스도가 고난을 받고 영광에 들어간 것과, 수은이 '고문'을 받고 현자의 돌이 되는 영광을 누리는 것은 같은 이야기입니다. 이렇게 고문을 당한 수은은 붉게 변하는데 이것이 예수의 피를 나타낸다고 합니다. 심지어 이 둘 사이의 유사성을 확장하여 연금술을 연구하면 성서에 기록되지 않은 예수의 삶을 알아낼 수 있다는 이야기까지도 등장했죠. 지금 우리는 화학 연구를 하면서 더 이상 예수의 삶을 떠올리지 않지만 우리가 사용하는 화학 기구의 이름에는 그 흔적이 남아 있습니다. 시료를 가열할 때 사용하는 용기인 도가니를 영어로 'crucible'이라고 부르는데, 그 어원은 라틴어 'crucibulum'으로 '작은 고문소'라는 뜻입니다.

지금까지 살펴본 것처럼 중세를 거치면서 연금술은 처음 수입된 모습과는 사뭇 다른 모습을 갖추게 되었습니다. 이슬람 연금술의 모체에 유럽 사람의 창의성이 더해져 이론적 체계가 잡혔고 실제 연금술 기법도 발전했습니다. 연금술에 대한 비판도 이어지고 강화되어 결국 연금술에 새로운 특성을 부여하게 되었죠. 이제 중세가 저물어 갑니다. 과학 혁명의 시대인 16세기와 17세기가 연금술을 기다리고 있습니다.

2부

합리적이고 이성적인 연금술

4장

연금술의 황금기,
우주와 인간의 구성 원리는 동일한가

유럽의 연금술은 16세기와 17세기를 거치면서 그 전성기를 맞습니다. 그 핵심 이론이나 실험 기법이 모두 정교하게 발전하죠. 이때까지는 아직 연금술alchemy과 화학chemistry이 개념적으로 분리되어 있지 않았고, 학자들은 두 용어를 섞어서 사용했습니다. 시간이 흐르면서 'alchemy'보다 'chemistry'라는 용어가 점차 선호되었지만 이는 특별한 이유가 있어서가 아니라 아랍어 정관사 'al-'이 외래어 느낌을 주었기 때문입니다. '비합리적인' 연금술과 '합리적인' 화학을 분리해서 이해한 것은 18세기 계몽주의자부터입니다. 그래서 일부 과학사학자는 16-17세기의 연금술/화학을 연금술에서 화학으로 넘어가는 중간 단계이면서 연금술의 성격과 화학의 성격을 모두 가진 학문으로 보고, alchemy나 chemistry 대신 그 당시 실제 사용되었던 이름 중 하나인 'chymistry'라는 명칭으로 부릅니다. 우리말로 번역하자면 '과도기 화학' 정도가 되겠습니다. 바로 이번 장에서 살펴볼 주제입니다.

위대한 연금술사인 신

지금까지 살펴본 것처럼 이슬람 문화권에서 수입된 연금술은 중세를 거치면서 오롯이 유럽의 것으로 흡수되었습니다. 근세에 들어서도 그 깊이와 너비는 계속해서 확장되었습니다. 이를 상징적으로 보여 주는 예가 바로 연금술이 대학 교육에 편입된 것입니다. 중세에도 많은 학자가 연금술에 관심을 가졌지만 주로 개인적인 관심에 그쳤지 대학에서 공식적으로 가르치지는 않았습니다. 이후 연금술의 학문적 위상이 점차 상승하면서 마침내 1609년 마르부르크 대학교에 최초로 연금술 교수 professor publicus chymiatriae 자리가 마련되었습니다. 17세기를 거치면서 유럽 곳곳의 대학들이 연금술을 커리큘럼에 포함하기 시작했고 18세기가 되면 화학은 대학 커리큘럼의 하나로 자연스레 자리 잡게 됩니다.

16세기와 17세기는 종교개혁과 과학 혁명 등 기존의 권위에 저항하는 굵직한 사건이 여럿 일어났던 시대입니다. 15-16세기에 르네상스Renaissance가 도래하면서 인문주의자가 나타났는데 이들은 인간의 이성과 경험을 중요하게 여겼습니다. 예를 들어 자연에 대한 지식은 선구자의 가르침에 대한 사변적인 논증에 그칠 것이 아니라 직접 관찰하고 경험해서 얻어야 한다는 생각이 널리 퍼졌죠. 이는 결국 기존 권위에 대한 의심과 도전으로 이어졌습니다. 대표적인 예가 종교개혁으로, 스스로 성서를 원어로 읽으면서 그 가르침을 정리한 사람들이 가톨릭교회의 당시 교리가 성서의 가르침과 다르다며 반기를 들었죠. 과학 혁명 역시 마찬가지입니다. 코페르니쿠스, 갈릴레오, 뉴턴으로 이어지는 이 시기의 과학자는 당시 지배적인 관점인 프톨레마이오스–아리스토텔레스 우주론과 아리스토텔레스 역학을 자신들의 관찰과 경험, 이성에 기반하여 반박합니다. 이러한 시대적 배경 속에서 연금술에서도 기존 개념을 뒤엎는 새로운 시도가 많이 등장했습니다.

이 시기의 연금술을 대표하는 사람이라면 파라켈수스Paracelsus(1493-1541)를 들 수 있습니다.[1] 그는 스위스의 의사로 많은 저술을 남겼는데 상당히 특이한 성격의 소유자로 알려져 있습니다. 그는 연금술을 의술의 중요한 기둥 중 하나로 생각하여 연금술을 열정적으로 옹호했습니다. 반면 기존 의학과 그 기존 의학을 따르는 사람들을 격렬히 비판했는데 단순한 비판을 지나 조롱하고 경멸했죠. 심지어 당시 의학 교육의 핵심 교재인 이븐 시나의 책을 모아서 불태우는 퍼포먼스까지 했다는 기록이 있습니다. 당시 학계의 중심 언어였던 라틴어 대신 모국어인 스위스 독일어로 저술 활동을 한 것도 특이한 점이었습니다. 또한 그의 저술은 체계적인 정리와는 거리가 멉니다. 분명히 동일한 저자의 저작들인데 서로 모순되는 이야기도 많고 각 주제 간의 연결 고리도 흐릿할 때가 있죠. 그는 연금술의 옹호자이지만 연금술의 의학적 활용에만 관심이 있고 연금술의 전통적인 목표인 금속의 변성에는 큰 관심이 없었던 것으로 보입니다. 이러한 파라켈수스의 관심사는 이후 연금술의 발전 방향을 크게 바꾸어 놓게 됩니다.

비록 파라켈수스가 전통의 권위를 우습게 아는 괴짜였더라도 그의 연금술에는 중세 연금술의 영향이 깊이 배어 있습니다. 일례로 3장에서 살펴본 로크타이야드의 장을 돌이켜 봅시다. 장은 와인에서 에탄올을 추출하는 데 성공해 에탄올을 의학적으로 활용한 사람입니다. 그는 에탄올의 능력에 놀라 에탄올을 '생명의 물', 혹은 아리스토텔레스 철학에서 천상계의 구성 물질로 여겨진 '제5원소'라고 부르죠. 장과 그의 추종자는 와인뿐 아니라 다양한 물질에서 제5원소를 추출할 수 있고 그렇게 추출된 제5원소는 여러 질병의 치료제로 사용할 수 있다고 생각했습니다. 파라켈수스는 그의 초기 저작에서 이 개념을 그대로 차용했습니다. 그러나 점차 생각이 바뀌어 말년에 와서는 제5원소를 인간을 구성하는 순수 질료prima materia를 가리키는 용어로 사용합니다.

파라켈수스의 사상은 우주 전체를 포괄하고 신학과 자연철학을 아우르는 거대한 체계였습니다. 그는 인체를 소우주로 보

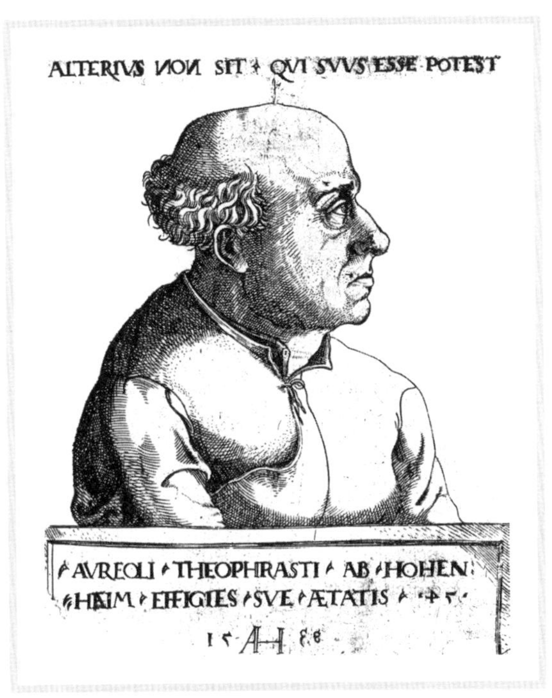

그림 4.1 1538년에 그려진 파라켈수스의 초상화.

고 우주 전체와 대응 관계에 있다고 믿었습니다. 우주를 구성
하는 물질이 인체를 동일하게 구성하고 창조주인 신이 우주를
창조한 원리가 인체에도 마찬가지로 적용된다고 보았죠. 그에
게 광물이 형성되고 식물이 자라는 모든 과정과 인체의 소화,
호흡, 배설 등은 본질적으로 같은 연금술 과정이었습니다. 신은
위대한 연금술사였고 태초의 혼돈에서 세상을 창조한 과정은
연금술사의 분리 기법에, 최후의 심판 때 불로 세상을 정화하
는 것은 연금술사의 정련 기법에 대응했습니다.

세 가지 질료와 구원의 과정

파라켈수스는 연금술에 새로운 철학적 의미를 부여했을 뿐 아니라 새로운 이론도 만들어 냈습니다. 중세 라틴 연금술은 금속과 광물이 수은과 황의 결합으로 이루어져 있다고 믿었습니다. 파라켈수스는 이를 비판하고 여기에 세 번째 성분인 염을 더합니다. 파라켈수스는 삼라만상이 수은, 황, 염으로 구성된다고 주장했고, 이는 창조주인 신이 삼위일체로 존재하기 때문에 세상 역시 그 창조주의 모습을 따르는 것이라고 설명합니다. 하필 그 세 번째 성분이 염인 것은 시대적 이유가 있지 않나 싶습니다. 근세에 들어서면서 산업적으로 염의 중요성이 부각되었기 때문이죠. 예를 들어 화약의 원료인 초석은 파라켈수스 당시 방부제나 비료로 널리 활용되기 시작했습니다. 이러한 상황에서 염이 파라켈수스의 시야에 들어온 것은 우연이 아니었을 것입니다.

여기서 한 가지 주의할 점은 파라켈수스가 이 세 가지를 오늘날의 원소 개념으로 주장한 것은 아니라는 점입니다. 수은, 황, 염은 질료principle라 불렸고[2] 물질에 따라 이를 구성하는 여러 가지 종류의 수은, 여러 가지 종류의 황, 여러 가지 종류의 염이 존재할 수 있었습니다. 중요한 것은 모든 물질이 예외 없이 황, 수은, 염의 세 가지 질료로 구성되어 있고 이것들이 실험적으로 분리될 수 있다는 점이었죠.

파라켈수스는 분리 기법을 강조했습니다. 여기에는 증류,

승화, 부패, 용해 등이 포함되는데 이를 통해 물질의 세 가지 질료를 분리할 수 있다고 주장했습니다. 그리고 그렇게 정제한 세 가지 질료를 다시 결합하면 기존 물질보다 고귀한 물질이 되며 그 과정에서 불순물과 독성을 제거할 수 있다고 믿었습니다. 즉 연금술의 분리 기법은 더 좋은 약을 만드는 효과적인 방법인 셈입니다.

후대에는 여기에 신학적인 의미까지 덧씌워졌습니다. 인간은 죽으면서 육체와 영혼이 분리되는데 무덤에 묻힌 육체는 썩어가다가 최후의 심판 때 불로 정련됩니다. 그렇게 새로워진 육체와 영혼이 결합하면 완벽한 인간으로 다시 태어납니다. 이러한 신의 구원 과정과 마찬가지로 연금술사 역시 불을 이용하여 수은, 황, 염을 분리하고 각각을 정제한 후 다시 결합하여 완벽한 물질을 만들 수 있고 이로써 연금술사는 타락한 세상을 바로잡는 신의 구원 작업에 참여한다고까지 여겼습니다.

물질의 근본 질료를 둘러싼 논쟁

파라켈수스의 저작이 그의 생전에 바로 큰 영향을 미치지는 못했지만 16세기 후반에 들어서면서 그의 추종자들이 나타나 스승의 어지러운 저작을 정리해 유럽 전역에 널리 알리기 시작했습니다. 그러면서 파라켈수스 연금술은 독일의 제후와 성직자 사이에서 유행했고 신성 로마 제국의 황제 루돌프 2세Rudolf II

(1552-1612)까지도 관심을 보였습니다. 종교개혁과 과학 혁명의 불안정한 시기였던 만큼 파라켈수스의 특이한 성격과 사상은 격렬한 찬반 논란을 불러일으켰습니다. 그를 반대하는 사람들은 다양했습니다. 어떤 이는 파라켈수스의 비정통적 신학을 비판했고 다른 이는 파라켈수스의 연금술 이론을 비판했습니다. 후자 중에도 두 가지 입장이 있었는데 한 무리는 연금술의 의학적 가치는 인정하면서도 파라켈수스의 이론에 오류가 있다고 보았고 또 다른 무리는 연금술이 의학적 가치를 갖는다는 것 자체를 비판했습니다. 특히 파리 대학교 의학 교수들의 반대가 극심했습니다. 그런데 1658년 기존 의학으로 치료할 수 없었던 루이 14세의 병을 의약 연금술로 치료해 내는 사건이 일어나면서 그제야 의약 연금술이 의학적 방법 중 하나로 받아들여지게 됩니다.

의약 연금술을 두고 벌어진 논란에서 볼 수 있듯 17세기가 시작될 시기 연금술은 아직 권위 있는 학문으로 여겨지지 않았습니다. 앞서 이야기한 것처럼 일부 대학교가 연금술을 가르쳤지만 대부분의 대학교는 사태를 관망하고 있었죠. 그런데 이 시기에 연금술을 가르치기 위한 책, 즉 교과서가 등장하면서 연금술의 학문화가 가속됩니다. 최초의 연금술 교과서는 장 베긴Jean Beguin(c. 1550-1620)의 《연금술 입문Tyrocinium chymicum》으로 알려져 있습니다. 이 책은 총 3부로 구성되어 있는데 1부에서는 여러 연금술 기법을 소개하고 2부에서는 그 기법을 통해 다양한 물질을 어떻게 연구할 수 있는지 논합니다. 마지막 3부에서는 제5

원소를 얻을 수 있는 방법을 다룹니다. 이 책은 17세기에 큰 인기를 얻었고 많은 사람이 이 책으로 연금술을 공부했습니다.

17세기에 들어서면서 파라켈수스의 이론에 반대하는 연금술사가 등장합니다. 벨기에의 의사이자 연금술사였던 얀 밥티스타 판 헬몬트Jan Baptist van Helmont(1579-1644)는 파라켈수스의 대우주-소우주 개념을 반대했을 뿐 아니라 수은-황-염이라는 세 가지 질료 개념 역시 궁극적인 개념이 아니라고 생각했습니다. 그는 물질의 근본 질료는 '물'이라고 주장했습니다. 그는 5파운드짜리 버드나무 묘목을 200파운드 토양에 심고 5년간 물을 준 끝에 버드나무는 164파운드로 성장했지만 토양의 무게는 거의 변하지 않았음을 발견했습니다. 물밖에 들어간 게 없는데 버드나무를 구성하는 다양한 물질이 만들어졌으니 물이 근본 질료가 되겠지요. 파라켈수스는 불을 사용하여 물질을 그 질료로 분리할 수 있다고 주장했지만 판 헬몬트는 실험을 통해 불을 사용하면 때때로 물질들이 결합하기도 한다는 사실을 발견하고 각 물질을 구성 성분으로 분리하기만 하는 물질을 찾고자 했습니다. 이를 '알카헤스트alkahest'라고 불렀는데요, 그는 일반적인 물질에 알카헤스트를 넣고 가열하면 수은-황-염의 질료로 분리되었다가 더 가열하면 각각이 물로 변환된다고 생각했습니다.

판 헬몬트의 뒤를 이은 사람은 역시 연금술의 능력을 신뢰하는 의사인 조지 스타키George Starkey(1628-1665)로, 그는 가히 당시 연금술의 모든 영역에서 활동했다고 할 수 있습니다. 그는 향수나 화장품을 만들어 팔기도 했고 약을 만들고 처방하기도 했으며 금속의 채굴 및 제련까지 연구했습니다. 학문적인 연구 역시 게을리하지 않아 연금술 이론 및 실험 기구를 새로 만들기도 했고 알카헤스트와 현자의 돌을 발견하기 위해 노력했습니다. 열정적인 연구자였던 그의 연구 노트는 지금까지도 남아 당시 연금술 연구가 어떻게 진행되었는지 알 수 있는 귀중한 사료입니다. 스타키의 연구는 중세 연금술과 근대 화학을 연결하는 중요한 가교 역할을 하는데요, 하버드 대학교 초창기 졸업생인 그는 하버드에서 배운 스콜라 철학을 연구에 활용하기도 했고 뉴잉글랜드 지역의 금속 제련 기술을 실험에 접목하기도 했습니다. 그는 가명으로 저작 활동을 했는데 그가 쓴 연금술 서적은 로버트 보일Robert Boyle(1627-1691)과 아이작 뉴턴Isaac Newton(1642-1726)을 비롯한 많은 이에게 영향을 주었습니다. 흥미롭게도 그는 항상 권위 있는 과거 학자를 인용하면서 글을 시작합니다. 그리고 절대 그들을 비판하지 않죠. 다만 그들의 주장을 실험적으로 엄밀하게 검증하여 만약 틀린 내용이 있었다면 지금까지의 '해석'이 잘못된 것이라고 결론을 내립니다. 권위를 존중했던 중세의 흔적이라고 볼 수도 있겠습니다.

파라켈수스를 비롯해 이 시기 연금술사가 의약 연금술을 강조한 것은 사실이지만 금속의 변성 문제도 여전히 많은 연금술사의 관심사였습니다. 특히 현자의 돌은 불완전한 금속을 금으로 바꿀 뿐 아니라 병에 걸린 인체를 치료할 수도 있다고 알려져 있었기에 많은 연금술사는 계속해서 현자의 돌을 얻으려고 노력했습니다. 스타키는 수은이 현자의 돌을 만드는 핵심이라고 믿었습니다. (중세 연금술의 유산이 보이시나요?) 그에 따르면 안티모니와 은, 수은을 섞고 오랜 시간 가열하면 '현자의 수은'을 얻을 수 있는데 이 과정에서 안티모니는 수은의 불순물을 제거하고 은은 안티모니와 수은의 결합을 중재한다고 주장했습니다. 이 현자의 수은에 금을 가하면 아름다운 나무가 만들어지고 이 나무에서 결국 현자의 돌이 나온다고 합니다. 이 현상을 설명하는 이론은 씨앗 이론으로, 금 안에는 현자의 돌을 만드는 씨앗이 숨어 있어 이게 알맞은 환경(현자의 수은)을 만나면 발아하여 현자의 돌을 만들어 낸다는 것입니다. 이 설명이 설득력을 지닌 이유는 스타키의 기록대로 실험을 수행하면 실제로 아름다운 결정이 형성되면서 나무 구조가 만들어진다는 것이었습니다. 문제는, 안타깝게도 이 나무에서 현자의 돌이 생성되지는 않는다는 점이죠.

이번 장에서 우리는 16세기와 17세기의 연금술을 수박 겉핥기식으로 살펴보았습니다. 사실 이 시기에는 연금술 기록이 어마어마하게 늘어나서 당시 연금술의 전반적인 모습을 정리하는 것조차 쉽지 않습니다. 다만 이 시기를 살펴보면 연금술과 화학의 경계가 흔히 생각하는 것처럼 명확하지는 않다는 점을 깨닫게 됩니다. 일례를 들어 우리가 흔히 '화학의 아버지' 혹은 '최초의 화학자'로 추앙하는 보일은 40년 이상 금속의 변성을 시도했습니다. 이것은 보일이 금을 만들겠다는 욕심에 사로잡혀 맹목적으로 연금술을 추종했기 때문이 아니라 당시 연금술은 다른 학문 못지않게 합리적이었기 때문입니다. 보일은 자신이 파라켈수스, 판 헬몬트, 스타키와 본질적으로 다른 학문을 하고 있다고 생각하지 않았습니다. 보일에 관한 이야기는 다음 장에서 조금 더 자세히 살펴보겠습니다.

5장

로버트 보일,
회의적 연금술사

온도가 일정할 때 기체의 압력과 부피가 서로 반비례한다는 '보일의 법칙'을 발견한 로버트 보일은 흔히 '현대 화학의 아버지'로 불립니다. 특히 그의 1661년 저작 《회의적 화학자The Sceptical Chymist》는 연금술을 부정하고 합리적 화학을 시작한 책으로 알려져 있죠. 이는 그 책에서 보일이 기존의 연금술 이론을 부정하고 원자 개념을 처음으로 도입한 것처럼 보이기 때문입니다. 하지만 최근 과학사학자들의 연구에 따르면 보일은 모든 면에서 완벽한 연금술사였다고 평가할 수 있습니다. 그리고 보일의 원자 개념은 완전히 새로운 개념이라기보다 선배 연금술사의 논의를 확장한 것이었습니다.[1] 이번 장에서는 '원자', 즉 물질을 구성하는 단위 입자라는 개념이 어디에서 와서 보일에게까지 도달했는지 살펴보도록 하겠습니다.

세계를 구성하는 근본 존재, 원자

원자 개념을 처음으로 제시한 사람은 그리스 철학자 레우키포스Leukippos(기원전 5세기)와 그의 제자 데모크리토스Demokritos(c. 460-c. 370 BC)로 알려져 있습니다. 이들의 원자 개념은 실험이나 관찰과는 거리가 멀었고 형이상학적 논의를 위해 도입한 것으로, 사실 이들의 의도는 파르메니데스Parmenides(c. 510-c. 450 BC)의 주장을 논박하는 것이었습니다. 파르메니데스는 논리적으로 존재하는 것은 존재하고 존재하지 않는 것은 존재하지 않으므로 존재가 비존재가 되고 비존재가 존재가 되는 '변화'란 불가능하다고 주장했죠. 데모크리토스는 존재가 원자로 구성되어 있고 이 원자들이 진공이라는 비존재 속을 돌아다니면서 여러 가지 변화를 일으킬 수 있다고 주장함으로써 이 문제를 해결하려고 했습니다. 데모크리토스의 주장은 걸출한 두 철학자, 플라톤Platon(428-348 BC)과 아리스토텔레스에 의해 반박되었습니다. 플라톤은 물질의 움직임만으로 세상을 설명할 수 없다고 보았고 아리스토텔레스는 진공이라는 것이 존재할 수 없으므로 데모크리토스가 틀렸다고 주장했습니다. 아리스토텔레스의 이 주장은 훗날 유명한 라틴어 경구, "호로르 바쿠이horror vacui(자연은 진공을 혐오한다)"로 요약됩니다.

그렇다면 아리스토텔레스에게 물질의 구성 원리는 무엇이었을까요? 아리스토텔레스는 네 가지 원소가 세상을 이루고 있다고 보았습니다. 흙, 물, 공기, 불이 그것인데요, 이것들은 모두 두 가지 쌍의 성질을 나눠 갖고 있습니다. 뜨거움-차가움과 축축함-건조함이죠. 뜨겁고 축축한 것은 공기, 뜨겁고 건조한 것은 불, 차갑고 축축한 것은 물, 차갑고 건조한 것은 흙입니다. 고대인이 불타는 나무토막을 관찰하고 있다고 가정해 보겠습니다. 불이 타오르면서(불) 연기가 나고(공기) 주위에 액체가 맺힙니다(물). 그리고 다 타고나면 재가 남죠(흙). 아리스토텔레스는 관찰을 강조했던 철학자였기에 4원소설이 실제 현상을 제법 잘 설명한다고 여겼을 것입니다.

아리스토텔레스의 이런 물질 체계는 그의 천문학, 운동 이론을 비롯한 전체적인 세계관과 단단히 결합되어 있습니다. 예를 들어 주위를 둘러보면 불과 공기는 위로 올라가고 물과 흙은 아래로 내려가는 것처럼 보이는데요, 아리스토텔레스는 이를 두고 '제자리topoi'를 찾아가는 것이라고 설명했습니다. 지상계에서 흙은 가장 아래층이 제자리이고, 물은 그다음 층에, 공기는 그다음 층에 위치하며, 불은 가장 높은 층에 위치합니다. 그리고 그 위에 있는 천상계는 완벽한 원소인 제5원소로 구성되어 있습니다. 따라서 이와 같은 체계에서는 자연스럽게 지상계, 즉 지구가 우주의 중심에 위치하게 됩니다. 이것이 흔히 천동설로 알려진 지구 중심설의 철학적 배경입니다. 이렇게 하나의 거대한 체계를 가지고 다양한 현상을 설명할 수 있다는 것이 아리스토텔레스 철학의 장점이었고 아리스토텔레스 철학이 중세 이슬람 및 유럽 철학자를 매료시킨 이유 중 하나였습니다.

그런데 아리스토텔레스가 원자론을 부정하기만 한 것은 아닙니다. 흥미롭게도 아리스토텔레스 본인이 공간 속의 입자를 가지고 물질의 조성을 설명한 책이 있습니다. 《기상학Meterology》 4권입니다. 이 책에서 아리스토텔레스는 구멍poroi 속을 들락거리는 입자onkoi라는 개념을 이용해 나무의 연소를 비롯한 여러 가지 현상을 설명합니다. 그런데 아리스토텔레스 본인이 이 입자들과 네 가지 원소가 어떻게 연결되는지에 대한 설명을 남기지 않았기 때문에 정확히 아리스토텔레스가 물질계의 구성을 어떻게 생각하고 있었는지 알 수 없습니다.

아리스토텔레스 철학은 다른 학문과 함께 이슬람 세계로 넘어가 발전하다가 12세기 르네상스를 거치면서 유럽에 전파되었고 이후 유럽의 지배적인 철학으로 자리매김합니다. 특히 알베르투스 마그누스, 토마스 아퀴나스Thomas Aquinas(1225-1274) 등 뛰어난 스콜라 철학자들의 노력으로 아리스토텔레스 철학은 중세 신학의 철학적 기반 역할을 하게 됩니다. 데모크리토스 철학 역시 중세 유럽인에게 알려져 있기는 했지만 무신론이라는 딱지가 붙어 배척되었죠.

원자 개념이 풍부해지다

한편 중세의 연금술사는 다양한 실험을 통해 물질의 구성에 대해 여러 경험을 쌓았고 이러한 경험에 빗대어 기존 연금술 이론을 수정해 나갔습니다. 그 와중에 중세 연금술을 대표하는 연금술사인 가짜 게베르가 입자 개념을 다시 소개합니다. 가짜 게베르는 금속이 황과 수은으로 구성되어 있다고 주장한 것으로 유명하지만 거기에서 그친 것이 아니라 아리스토텔레스의 네 가지 원소를 최소 입자per minima로 보고 이들이 강하게 결합하여 황 입자와 수은 입자를 이룬다고 주장했습니다. 다만 가짜 게베르에 따르면 이들의 결합은 너무도 강해서 실험적인 방법으로 떼어낼 수 없습니다. 가짜 게베르 이후 오랫동안 입자 개념은 연금술사의 관심을 받지 못했습니다. 예를 들어 근세 연금술의 거목인 파라켈수스는 입자 개념을 전혀 사용하지 않고 수은, 황, 염의 세 가지 질료만 가지고 물질의 구성을 설명했죠.

입자 개념이 다시 등장한 것은 파라켈수스의 반대자인 안드레아스 리바비우스Andreas Libavius(1550-1616) 덕분이었습니다. 그는 가짜 게베르의 영향을 받아 물질은 입자로 구성되어 있고 연금술 실험은 결국 이런 입자들을 분리하고 결합하는 과정이라고 보았습니다. 또한 데모크리토스와 아리스토텔레스를 깊이 공부하여 두 철학자의 저술이 서로 모순되지 않도록 재해석했죠. 예를 들어 그는 데모크리토스의 원자와 아리스토텔레스의 네 가지 원소가 함께(!) 세상을 구성하고 있다고 보았습니다. 그리고 "데모크리토스는 아리스토텔레스와 불일치하지 않는다"라는 말을 남깁니다.

다니엘 젠너르트Daniel Sennert(1572-1637)는 비텐부르크 대학교의 의학 교수로, 젊은 날에는 연금술과 원자론에 큰 관심 없이 아리스토텔레스 철학에 심취해 있었지만 30대에 연금술의 가치를 발견하고 열정적인 옹호자가 됩니다. 그는 리바비우스의 영향을 크게 받았지만 리바비우스와는 달리 모든 것을 원자로 설명하고자 했죠. 그런데 그의 원자는 개념적인 근원 입자가 아니었습니다. 그에 따르면 세상에는 다양한 층위의 원자가 존재하며 이 원자는 네 가지 원소를 이루는 입자일 수도 있고, 그 원소들로 이루어진 수은, 황, 염의 입자일 수도 있고, 심지어 이런 질료들이 서로 뭉쳐서 만든 입자일 수도 있었습니다.

그렇다면 젠너르트는 왜 원자에 집착했던 것일까요? 바로 원자 개념이 자신의 경험을 가장 잘 설명해 주었기 때문입니다. 젠너르트는 여러 가지 연금술 실험을 통해 한 물질을 다른 물질로 변환해도 그 안에 변하지 않는 존재가 있다는 것을 깨달았습니다. 그리고 그 존재는 종종 입자의 모습을 띠고 있었습니다. 예를 들어 그는 다음과 같은 실험을 보고합니다. 그는 금과 은을 섞어서 균질한 합금을 만든 후, 질산을 부어 은을 녹여냈습니다. 이 용액에 탄산 포타슘을 넣자 은이 '무수한 원자의 더미'로 석출되는 것이 관찰됩니다. 이러한 경험을 바탕으로 그는 실험을 설명하기 위한 편의상의 개념으로 원자를 사용합니다.

세상을 구성하고 있는 작은 입자들

자, 이제 오늘의 주인공인 로버트 보일을 만날 차례입니다. 로버트 보일은 1627년 코크 백작 리처드 보일Richard Boyle(1566-1643)의 일곱 번째 아들로 태어나 많은 유산을 상속받았지만 이 재산과 자신의 삶을 온전히 과학과 신학 연구에 바쳤습니다. 그는 결혼도 하지 않고 1691년 세상을 뜰 때까지 런던에 있는 자기 누이의 집에서 대부분의 시간을 보내며 수많은 실험을 수행했습니다. 그는 1657년 오토 폰 게리케Otto von Guericke(1602-1686)의 진공 구 실험에 대해 읽고는 로버트 훅Robert Hooke(1635-1703)과 함께 공기 펌프를 만들어 공기의 성질을 연구했고 이를 기반으로 현재 보일의 법칙이라 알려진 법칙을 발표했습니다.[2] 한편 그는 연금술도 깊이 연구하여 평생 현자의 돌을 찾기 위한 노력을 멈추지 않았습니다. 어떤 사람은 보일이 연금술 연구에 연루되어 있다는 이유로 진정한 화학의 아버지가 될 수 없다고 거부하기도 합니다만[3] 당시 연금술은 그저 금을 만들어서 돈을 벌어보겠다는 허황한 기술이 아니라 물질의 구성을 연구하는 합리적 학문 중 하나였습니다. 보일의 공기 실험 역시 그러한 노력의 일환이었죠.

로버트 보일의 시대는 연금술 밖에서도 원자론이 유행하던 시대였습니다. 16세기 중반부터 학자들은 물질의 구성에 관해 흥미를 가졌고 아리스토텔레스의 설명에 만족하지 못해 데모크리토스를 비롯한 고대 철학자의 주장을 다시 살펴보았죠. 그러면서 원자론, 즉 작은 입자들이 세상을 구성하고 있다는 철학을 발견하게 됩니다. 이 시기의 대표적인 인물로 피에르 가상디 Pierre Gassendi(1592-1655)가 있습니다. 가상디는 진공의 존재를 믿었고 그 진공 속에 크기와 무게를 갖는 작은 입자인 원자들이 돌아다닌다고 생각했습니다. 그리고 그 원자 안에는 진공이 없으므로 더 이상 쪼갤 수 없다고 주장했죠. 가상디는 원자의 모양과 크기를 가지고 여러 자연 현상을 설명하려고 했습니다. 예를 들어 차가움은 차가움 원자에 의해 전달되는데 이것은 뾰족한 정사면체 모양을 가지고 있어서 차가운 물체를 만지면 따가운 것입니다. 가상디는 수학자이자 천문학자로서 상당히 정교한 이론을 만들어 냈고 그의 원자론은 유럽 학계에 널리 영향력을 행사했습니다. 그리고 이렇게 구성 요소의 물리적인 성질과 움직임만으로 세상을 설명하는 철학은 기계론 철학 mechanical philosophy이라 불리며 크게 유행했죠.[4]

17세기에 원자론이 설득력을 얻게 된 데에는 시대적 배경이 있습니다. 17세기 중반에 현미경이 발명되면서 사람들이 생명체를 들여다보기 시작했는데 그 안에 더욱 작은 구성 요소가 있다는 사실을 알게 되었습니다. 만약 생명체가 더 작은 요소로 구성되어 있다면 물질 역시 더 작은 요소로 구성되어 있다고 보는 것은 어려운 일이 아닐 겁니다. 실제로 가상디는 충분히 강력한 현미경이 발명된다면 원자를 볼 수 있을 것이라고 믿었습니다. (지금 우리가 전자 현미경을 통해 원자를 '보는' 시대에 살고 있다는 걸 생각하면 상당히 흥미로운 예언입니다.)

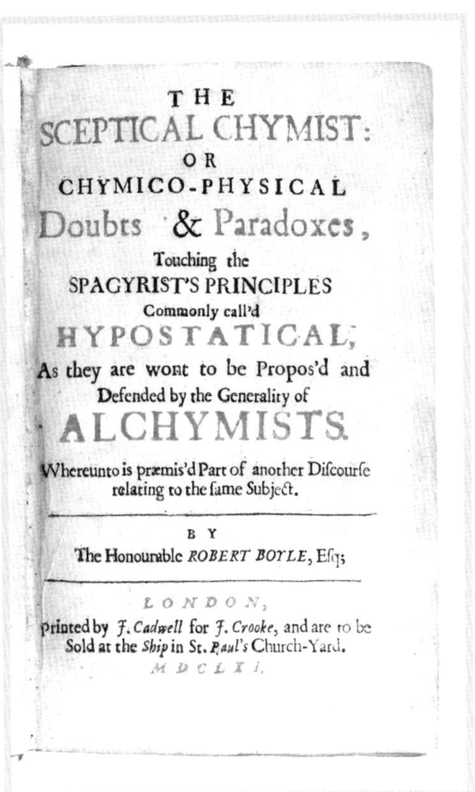

그림 5.1 로버트 보일의 《회의적 화학자》 표지. 표지에 사용된 chymist, spagyrist, alchymist는 당시 연금술사를 가리키는 여러 표현이었으나 보일은 의도적으로 그것들을 구분하여 사용했다.

로버트 보일은 물질의 구성에 대해 깊은 관심이 있었고 평생 여러 권의 책을 써서 설명을 시도했습니다. 보일은 제일자연prima naturalia이라 부른 가장 작은 입자가 모여서 더 큰 입자를 이루고 이 입자들이 다시 모여서 더 큰 입자를 이루는 계층적 체계를 따라 물질 세계가 구성되어 있다고 믿었습니다. 그리고 이 제일자연이라는 입자는 균일한 보편 물질로 구성되어 있고 각 입자의 크기, 모양, 움직임에 따라 여러 종류의 입자를 만든다고 주장했습니다. 따라서 보일의 입자 이론에 따르면 모든 원자는 같은 재료로 구성되어 있으므로 은 입자를 쪼갠 후 다시 조립하여 금 입자를 만드는 일도 가능한 것입니다. 보일이 금속의 변성을 계속해서 시도한 데에는 이러한 배경이 있었습니다. (그는 심지어 과학 연구를 방해할 수 있다며 1689년 의회를 설득해 '금 만들기'를 금지한 법안을 폐지하게 하기도 했습니다.) 보일의 이론에는 당시 유행한 원자론의 영향이 깊이 배어 있지만 한편으로 그의 저작을 살펴보면 가짜 게베르, 리바비우스, 젠너르트로 이어지는 연금술 내의 원자론 역시 그에게 큰 영향을 주었음을 알 수 있습니다. 그는 연금술사의 실험을 가져와 원자의 존재를 증명하는 작업에 사용하는데요, 대표적인 예가 젠너르트가 한 것처럼 물질을 반응시켰다가 다시 복원하는 실험이었습니다. 또한 보일의 '균일한 보편 물질'이라는 개념은 판 헬몬트의 근본 질료 개념과 연결되죠.

그런데 보일의 글을 읽어 보면 보일은 끊임없이 자신이 기존의 연금술사와는 다르다는 점을 강조합니다. 예를 들어 그는 《원자 철학에 관하여Of the Atomicall Philosophy》에서 가상디와 데카르트로 대표되는 '새 철학' 덕분에 원자론이 유럽에서 부활할 수 있었다며 그들을 칭송하는 한편 파라켈수스와 젠너르트로 대표되는 연금술사는 잘못된 이론을 추구했다며 신랄하게 비판합니다. 보일은 이러한 작업을 통해 자신이 새 철학을 따르는 진보적 과학자임을 증명하고 싶었던 것으로 보입니다.《회의적 화학자》는 그러한 보일의 관점을 아주 잘 보여 주는 책입니다. 이 책에서 보일은 당대에 유행한 여러 연금술 이론을 비판하고 연금술을 더 '철학적'이고 고상한 학문으로 만들겠다는 포부를 밝힙니다. 보일의 주된 공격 목표는 기존의 연금술 이론과 스콜라 철학이었습니다. 그는 파라켈수스가 생각했던 세 가지 질료인 수은, 황, 염이 모든 물질에서 분리될 수 없으며 물질을 가열했을 때 이들이 분리되는 것이 아니라 새로 만들어지는 것일 수 있다고 공격했습니다.

재미있는 것은 이 책의 이미지입니다. 시대적 배경을 알고 있던 보일 당시의 독자는 보일의《회의적 화학자》가 그저 선배 연금술사인 판 헬몬트의 이론을 설명하는 책이라고 생각했지만 200년 뒤의 화학자들은 책의 내용을 문자 그대로 받아들여서 이 책이 낡고 잘못된 연금술을 타파하고 새로운 화학의 시대를 연 책이라고 보았습니다. 그렇게 보일은 화학의 아버지 칭호를 받게 되었죠.[5]

이번 장에서는 '화학의 아버지'를 둘러싼 배경을 조금 깊이 살펴보았습니다. 로버트 보일은 위대한 과학자였고 과학의 발전에 크게 기여했습니다. 하지만 그 역시 시대의 흐름과 무관할 수 없는 사람이었습니다. 그는 연금술사의 한 사람으로서 연금술의 전통을 충실히 따랐죠. 보일의 입자 이론은 당시의 기계적 철학으로부터 영향을 받았지만 동시에 연금술 내의 원자론도 그 형태를 갖추는 데 일조했습니다. 이를 보면 보일을 연금술사가 '아닌' 화학자로 보는 것보다는 연금술사이자 화학자였던 사람으로 보는 것이 더 합리적인 입장이라 할 수 있겠습니다. 이러한 보일의 영향을 받아 연금술 연구에 집중했던 '근대 과학자'가 한 명 더 있습니다. 바로 아이작 뉴턴입니다.

6장

아이작 뉴턴,
완벽한 연금술사

아이작 뉴턴은 인류를 대표하는 과학자입니다. 근대 과학은 뉴턴 이전과 이후로 나뉜다고 해도 과언이 아닐 정도로 후대 과학은 뉴턴에 큰 빚을 지고 있고 뉴턴과 얽힌 여러 에피소드가 끊임없이 회자되고 있죠.[1] 일반적으로 유명한 과학자들이 후대에 더 큰 인정을 받았던 것과 달리 뉴턴은 생전에도 기사 작위를 받는 등 영예를 누렸습니다. 심지어 죽은 후에는 장례식이 국장으로 치러지고 과학자로서는 처음으로 웨스트민스터 사원에 묻히기까지 했죠. 우리의 관심사인 연금술-화학에도 뉴턴의 영향이 깊이 배어 있습니다. 이번 장에서는 차근차근 그 이야기를 풀어가 보도록 하겠습니다.

입자 중심의 과학

　뉴턴은 왜 그렇게 위대한 과학자로 칭송될까요? 뉴턴은 17세기의 과학 혁명을 대표하는 인물로서 크게 세 가지 업적으로 기억됩니다. 먼저 뉴턴은 세 가지 법칙으로 대표되는 역학 이론(관성의 법칙, 가속도의 법칙, 작용-반작용의 법칙)을 완성했고 중력 현상을 설명하는 데 성공합니다. 특히 공중으로 던진 물건의 움직임 같은 지상계의 운동과 행성의 움직임 같은 천상계의 운동이 동일한 이론으로 설명된다는 것을 증명하여 과학계에 충격을 주었습니다. 또한 뉴턴은 흰색 빛이 여러 색의 빛을 조합하여 얻어진다는 것을 밝혔고 이를 통해 현대 광학의 문을 열었습니다. 마지막으로 뉴턴은 미분과 적분 개념을 착안하여 미적분학의 창시자로 불립니다.[2] 이 중 한 가지 업적만 남겼더라도 위대한 과학자로 기억될 텐데 뉴턴은 세 가지 업적을 다 이룩한 것이죠.

　'입자' 개념은 뉴턴 이론의 핵심입니다. 뉴턴은 가상디와 보일 등 당시 기계론 철학자들의 영향을 크게 받았고 만물을 입자로 설명하고자 했습니다. 예를 들어 뉴턴은 물체를 입자의 모임으로 간주하고 각 입자 사이에 주고받는 힘을 다 더하여 물체의 운동을 설명할 수 있다는 것을 증명했죠. 뉴턴은 이 개념을 확장하여 빛 역시 입자의 흐름으로 볼 수 있다는 이론을 제시했는데 이는 뉴턴 이후 과학자가 빛을 바라보는 지배적인 관점으로 자리매김합니다. 또한 뉴턴 본인이 잘 정리된 글로 남기지는 않았지만 세상을 이루는 기본 입자(원자)가 존재할 것이라는 생각을 본인의 저작 이곳저곳에 남겼습니다.[3] 여기서 뉴턴이 연금술-화학에 남긴 유산을 발견할 수 있습니다. 뉴턴은 기계론 철학에 권위를 부여했습니다. 즉 뉴턴은 입자를 중심으로 만물을 설명하는 관점을 과학계 전반에 퍼뜨렸고 화학역시 예외가 아니었습니다. 다음 장 이후에 본격적으로 살펴보겠습니다만 그 결과 뉴턴 이후의 화학자는 뉴턴의 입자 개념을 대전제로 받아들여 그 위에 각자의 연구를 진행했습니다. 이는 18세기 이후 화학이 흘러가는 방향에 큰 영향을 주게 됩니다.

한편 뉴턴은 스스로 연금술에 깊은 관심을 가지고 있었습니다. 이는 뉴턴이 1669년부터 1693년까지 작성한 연금술 노트로부터 알 수 있습니다. 이 노트에는 조지 스타키와 로버트 보일 등 연금술사의 저작을 열심히 공부한 흔적, 스스로 실험한 결과를 정리한 내용, 자신의 생각을 써 내려간 초고 등이 포함되어 있습니다. 이 노트에 따르면 그는 '완벽한' 연금술사라고 할수 있습니다. 그는 연금술 이론의 일부를 취사선택한 것이 아니라 당시 일반적인 연금술사처럼 연금술의 모든 영역에 관심을 가지고 있었기 때문입니다. 예를 들어 그는 금속의 변성에만 관심을 가지고 있었던 것이 아니라 연금술을 통해 약을 만드는 것에도, 광물을 분류하고 추출하는 것에도 관심이 있었습니다.[4]

하지만 불행히도 뉴턴의 연금술은 널리 알려지지 않았습니다. 그가 연금술 연구를 했다는 사료가 일부 남아 있었지만 18세기 이후 연금술의 이미지가 악화되면서 이성의 상징인 뉴턴이

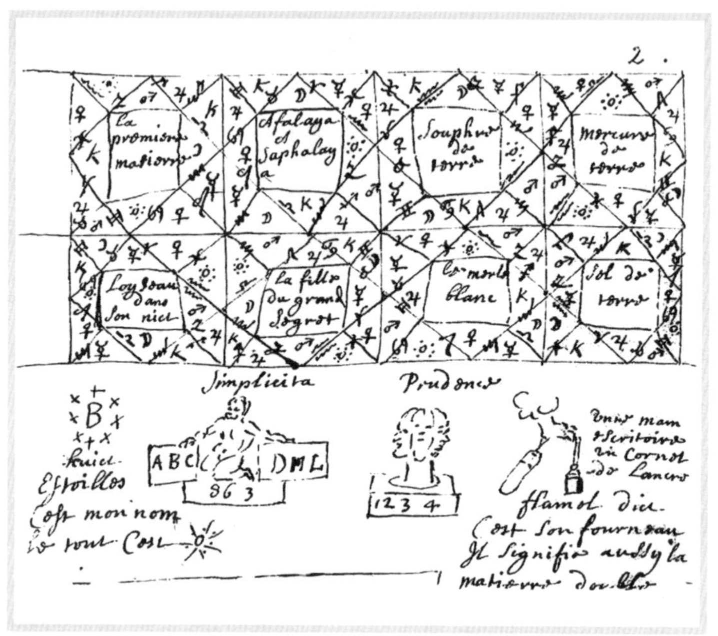

그림 6.1 뉴턴이 노트에 남긴 연금술 및 점성술 관련 기록.

연금술 연구를 했다는 사실을 받아들일 수 없는 사람들이 그러한 자료를 무시했죠. 결국 20세기 초까지 뉴턴과 연금술은 아무런 연관이 없는 것처럼 여겨졌습니다. 그러다가 1936년 한 경매에서 뉴턴이 개인적으로 보관하고 있던 자료가 대량으로 풀리면서 뉴턴의 연금술이 본격적으로 세상에 알려졌고 최근 '아이작 뉴턴의 과도기 화학Chymistry of Isaac Newton'이라는 이름으로 뉴턴의 연금술 저작을 온라인으로 옮기는 프로젝트가 진행되고 있습니다.[5]

뉴턴은 완벽한 연금술사다

　뉴턴에게 있어 연금술은 어떤 의미였을까요? 근대의 이성을 상징하는 뉴턴이 연금술과 같은 사이비 과학에 집중했던 것을 이해할 수 없었던 과거의 학자들은 어떻게든 이 간극을 해결하고자 여러 이론을 만들어냈습니다. 이 중 대표적인 견해는 다음과 같습니다. "뉴턴의 연금술은 뉴턴의 과학과 분리되어 있다." 이 견해에 따르면 연금술은 과학이 아닌 '마술'이었기 때문에 뉴턴의 과학 활동으로 볼 수 없고 뉴턴은 과학 연구를 하는 짬짬이 취미 생활로 은밀하게 연금술 연구를 수행했던 것뿐입니다. 다만 이 취미 생활의 가치를 아예 무시할 수는 없기에 연금술에 심취했던 뉴턴이 연금술의 개념에서 아이디어를 얻은 부분이 있다고 주장합니다. 특히 원거리에서 작용하는 중력이라는 개념이 연금술의 영향으로 탄생할 수 있었다고 합니다. 뉴턴 당시에는 한 물체에서 다른 물체로 힘이 전달되기 위해서는 두 물체가 맞닿아 있어야 한다는 것이 일반적인 생각이었습니다. 서로 떨어져 있는 두 물체가 힘을 주고받는다는 생각은 마술에서나 가능한 생각이었죠. 연금술을 진지하게 공부한 뉴턴은 그런 마술적 생각에 익숙했기 때문에 이로부터 중력 개념을 창안할 수 있었다는 것입니다.

　오랫동안 사실로 받아들여진 이러한 관점은 최근의 과학사 연구를 통해 많은 도전을 받고 있습니다. 첫째, 뉴턴이 중력 개념을 연금술의 원격 작용 개념에서 빌려왔다는 설명이 틀렸음이 밝혀졌고 둘째, 뉴턴 당시에 연금술이 사이비 과학이 아니라 과학의 일부로 간주되었다는 점이 알려졌기 때문입니다. 먼저 첫 번째 논점을 살펴봅시다. 뉴턴이 젊은 시절 남긴 글을 보면 뉴턴은 중력의 원인을 원격 작용으로 설명하지 않습니다. 도리어 그는 지구 내부에서 금속이 녹으며 방출된 공기가 다시 가라앉으며 중력을 발생시킨다는 설명을 제시합니다. 이러한 설명은 시간이 흐르면서 변화하여 말년이 되어서야 드디어 뉴턴은 중력을 원격 작용으로 설명합니다. 기존 견해를 주장한 학자들은 말년의 뉴턴만 보고 상상의 날개를 펼쳐 뉴턴이 연금술에서 중력 개념의 힌트를 얻었다고 주장한 것입니다. 그러나 시간적으로 인과 관계가 성립하지 않으므로 중력 개념이 연금술 철학에서 기인했다는 주장은 받아들이기 어렵습니다. 그리고 앞선 장에서 살펴본 바와 같이 17세기까지 연금술은 과학의 일종으로 받아들여졌습니다. 따라서 완벽한 연금술사였던 뉴턴이 연금술과 과학을 분리해서 생각했다는 것은 상상하기 어렵습니다. 뉴턴이 '은밀하게' 연금술 연구를 수행했다는 것도 후대의 상상일 뿐입니다.

또 한 가지 널리 알려진 견해는 뉴턴의 연금술이 그의 종교적 탐구와 맞닿아 있다는 것입니다. 독실한 기독교도였던 뉴턴은 젊은 날부터 신학적인 문제에 관심이 많았습니다. 뉴턴 본인이 남긴 글에 따르면 그는 최소 서른 살인 1672년부터 신학적 문제에 관심이 있었던 것으로 보입니다. 그는 스스로 《성서》를 연구하여 삼위일체 이론은 후대의 위조라는 결론을 내리기도 했습니다. 이는 당시 문화에서 이단으로 찍혀 탄압받을 수 있는 주장이었으므로 뉴턴은 자신이 믿는 신앙을 공식적으로 밝히지 않았습니다. 하지만 정통적인 교리를 받아들이지 않았을 뿐 죽는 날까지 뉴턴은 독실한 기독교인으로 남았습니다.[6] 그런데 이전 장에서 살펴본 것처럼 중세 후기의 연금술에는 종교적인 색채가 깊게 배어 있었습니다. 특히 초월적 세계와 물리적 세계를 연결하는 현자의 돌은 신과 인간을 연결하는 예수 그리스도에 종종 비유되었죠. 뉴턴의 연금술과 종교적 견해를 연결하는 견해에 따르면 뉴턴 역시 그러한 관점에 깊이 경도되어 신앙적 탐구를 위해 연금술 연구를 지속했습니다. 또한 당시 정통 교리에서 벗어나는 다른 신학을 가지고 있던 뉴턴에게 정통 과학에 의해 억압받는 연금술은 동질감의 대상이었다는 주장도 있습니다.

이 견해 역시 사료를 통해 입증하기 어려운 견해입니다. 물론 독실한 신앙을 가지고 있던 뉴턴에게 모든 활동은 신앙적 뿌리를 가지고 있었다는 측면에서 연금술과 그의 신앙이 연결되었다고 할 수는 있겠습니다. 그러나 막상 뉴턴의 연금술 저작을 살펴보면 그는 자신의 연금술 연구를 신이나 종교와 거의 연결하지 않습니다. 심지어 신이 언급된 경우조차 그저 관습적인 언어 표현으로 사용하고 있을 뿐입니다. 따라서 뉴턴의 연금술과 종교를 연결하는 것도 무리라고 보입니다.

그렇다면 오늘날의 과학사학자들은 뉴턴의 연금술을 어떻게 설명하고 있을까요? 최근 설득력 있게 등장한 견해는 뉴턴에게 있어 연금술은 진지한 과학 활동이었고 다른 목적 없이 그 자체로 학문적 탐구의 대상이었다는 것입니다. 뉴턴에게 연금술은 대상만 다를 뿐 과학의 한 분야였습니다. 그래서 연금술 연구를 과학 연구처럼 수행했고 연금술 연구에서 얻은 아이디어를 다른 과학 연구에 적용하기도 했습니다. 과학사학자 윌리엄 뉴먼William R. Newman은 심지어 뉴턴이 '모든 것의 이론 theory of everything'을 만들고자 했고 연금술은 그 거대한 프로젝트의 중심에 놓여 있었다는 가설을 제기하기도 했습니다.[7] 일례로 뉴턴의 연금술 노트 가운데에는 빛을 가지고 수행한 실험이 등장합니다. 그리고 흰색 빛이 사실 여러 색의 빛이 합쳐진 혼합물이라는 발견이 여기서 최초로 언급됩니다. 뉴턴은 연금술의 분석과 합성 기법을 흉내 내어 빛을 분리한 후 다시 합치는 실험을 수행해 이로부터 빛의 색은 바뀔 수 없고 그저 서로 섞임으로 다른 색을 만들게 된다는 결론을 내립니다. 즉 뉴턴에게 있어 광학은 연금술과 분리되지 않습니다. 그에게 광학 실험은 빛의 연금술이었던 것입니다.[8]

이번 장의 내용을 정리해 보겠습니다. 뉴턴과 연금술-화학의 관계는 다소 복합적입니다. 뉴턴이 남긴 기계론 철학, 특히 기본 입자의 개념은 후대의 화학에 지대한 영향을 미쳤습니다. 하지만 뉴턴 본인이 진지한 과학 활동의 일환으로 수행한 연금술 연구는 이후 화학자들에게 계승되지 않았습니다. 그 이유는 뉴턴이 세상을 떠나고 10년도 안 되어 연금술이 과학에서 퇴출되어 버렸기 때문입니다. 연금술은 '비합리적인' 마술로 치부되었고 이성의 상징인 뉴턴의 연구에서 연금술은 모두 지워집니다. 그러면서 뉴턴이 과학 활동과는 별개로 은밀하게 연금술 연구를 수행했다는 신화가 만들어졌습니다. 하지만 이제 우리는 뉴턴에게 연금술이 학문 탐구의 일환이었음을 이해할 수 있습니다.

7장

연금술과의 결별, '화학'이라는 것을 만들기

뉴턴이 1687년 출판한 《자연철학의 수학적 원리》(혹은 프린키피아Principia)는 당시 유럽 지식인 사회에 큰 충격을 주었습니다. 뉴턴은 이 책에서 물체의 운동을 설명하는 수학적 법칙을 상정하고 이를 기반으로 포물체의 운동, 유체의 운동, 천체의 운동까지 전부 설명해 냅니다. 이렇게 수학에 기반을 둔 이론이 정확하게 여러 운동을 설명하고 예측하는 것을 본 학자들은 열광했습니다. 18세기 초에 이르면 뉴턴 과학은 모든 과학이 본받아야 하는 이상적인 모델이 되었고 그러한 방법론이야말로 '과학'이라는 이미지가 형성되기 시작하죠. 18세기 지식인은 이러한 과학의 성공을 이성의 승리로 간주했습니다. 그리고 자신들이 이성과 지식에 기반하여 사고하는 첫 세대이며 이전의 미신, 무지, 독단 등으로부터 깨어난 '계몽된' 사람이라고 생각했죠. 이들에게 계몽은 옳은 것이었고 이성은 절대적인 잣대였습니다. 계몽주의의 시대가 도래했습니다. 이러한 분위기 속에서 화학은 어떤 변화를 겪었을까요?

우리는 계몽되었다

18세기 전반기에 화학에서 일어난 중요한 변화 한 가지는 연금술과 결별한 것입니다. 이제 화학은 합리적 과학의 한 분과로 간주된 반면 연금술은 탐욕스럽고 몽매한 고대인이 추구한 미신으로 치부되었죠. 사실 1710년대까지만 해도 연금술과 화학은 동의어였고 여전히 금속의 변성이 가능하다고 믿는 화학자도 많았습니다. 하지만 그로부터 한 세대가 지나자 금속의 변성은 조롱거리가 되었고 연금술은 말도 안 되는 개념을 믿는 과거의 미신 혹은 기만술이 되었습니다. 1737년 의사이자 화학자인 아브라함 카우Abraham Kaau(1715-1758)가 레이덴 대학교에서 '연금술사들의 기쁨에 관하여'라는 제목의 연설을 했는데 그 연설에서 연금술은 '우둔함의 상징'이요, '과거의 유물'이며, '조롱의 대상'으로 언급됩니다. 이후 연금술이라는 이름은 학문 세계에서 터부시됩니다. 이 시기의 화학자들은 화학에 합리적 과학의 이미지를 입히기 위해 연금술을 희생양으로 삼았고 결

국 그들은 성공했습니다.[1]

계몽주의 시기 화학은 '실험 과학'의 대표 분야로 변모합니다. 이는 두 가지 측면을 갖습니다. 첫째, 화학은 '실험' 과학이 되었습니다. 천문학처럼 단순한 관찰에 기반을 둔 것이 아니라 실험을 통해 이론을 점검하는 과학의 이미지를 갖게 된 것입니다. 둘째, 화학은 실험 '과학'이 되었습니다. 연금술사나 제약사의 단순한 기술이 아니라 학문으로서의 가치를 인정받은 것이죠. 계몽주의 시기 학자들은 과학 연구란 공적인 공간에서 일어나야 한다고 믿었습니다. 과학 연구는 교육받은 사람이라면 누구나 이해할 수 있도록 공개되어야 하고 국가와 인류의 발전에 이바지해야 한다는 것이 그들의 생각이었습니다. 화학 역시 이러한 조류에 맞춰 연금술의 신비주의 대신 명료하고 정확한 설명과 보고를 추구하기 시작했습니다. 이러한 노력 끝에 18세기를 거치면서 화학은 대학 안에서 당당한 한 분야로 자리를 잡습니다. 여러 학교에 화학 교수 자리가 생겼고 체계적인 교과서도 많이 출판되었죠.

화학의 가치는 대학 밖 실용적인 분야에서도 널리 인식되고 있었습니다. 의약 연금술의 전통을 따라 화학은 의학, 약학이라는 응용 분야를 가지고 있었고 거기에 더해 채광, 제련에도 화학이 많이 응용되었습니다. 여기에 더해 18세기 화학은 염색, 표백, 비료, 도자기 산업 등의 새로운 응용 분야를 개척했습니다. 화학자는 화학이 이러한 기술의 뿌리를 이루는 근본 과학이라고 주장함으로써 화학의 가치를 지켜낼 수 있었습니다. 화학자는 다른 학자와는 달리 실험실에서 시간을 많이 보냈고 실험을 직접 수행하며 지식을 축적해 나갔습니다. 이미 이 시기부터 교육과 연구가 관계를 맺기 시작합니다. 계몽주의 시기 화학자에게 화학은 자연에 대한 지식과 물질 세계를 조작할 수 있는 능력을 갖춘 위대한 과학이었습니다.

물질 사이의 친화력이라는 개념

18세기에 들어서면서 화학의 실험 기법도 변화합니다. 17세기까지 물질의 조성을 연구하기 위해 주로 사용한 방법은 증류였습니다. 숙련된 연금술사라면 증류를 통해 식물 시료에서 물, 기름, 알코올, 토류土類, 염이라는 다섯 가지 성분을 얻어낼 수 있었습니다. 파라켈수스의 질료와 이 성분들이 어떻게 연결되는지는 불분명했지만 이것들이 물질을 구성하는 기본 요소라는 데에는 이견이 없었습니다. 그러다가 17세기 말부터 용해법, 즉 액체에 물질을 녹여 분석하는 방법이 급부상합니다. 용해법은 그전부터 알려진 실험 기법이었지만 물질을 그 구성 성분으로 완전히 분해하기 위해서는 용해가 가장 적절하다는 생각이 점차 화학자들 사이에 녹아들기 시작한 것입니다. 다양한 용해 실험의 결과, 두 가지 흥미로운 거동을 찾아낼 수 있었습니다. 첫 번째, 염을 녹인 용액에 금속을 집어넣으면 그 금속은 녹아 버리고 새로운 금속이 등장하는 경우가 있었습니다. 두 번째, 일반적으로 염은 물에 잘 녹지만 두 종류의 염을 동시에 물에 녹이면 침전이 발생하는 경우가 있었습니다. 화학자들은 어떤 물질에서 이러한 현상이 발생하는지 데이터를 모으기 시작하는 한편 현상 너머의 원리를 설명하기 위해 분투했습니다.

연금술사였던 뉴턴도 이러한 주제에 관심이 있었습니다. 머릿속에서 역학과 연금술이 하나의 통합된 체계를 이루고 있었던 뉴턴은 역학 이론을 도입하여 화학 현상을 설명하려고 했습니다. 예를 들어 화학 현상에서 기체가 방출되는 반응은 반발력을 도입해서 설명했습니다. 기체 입자가 물질로부터 용수철처럼 튀어 나간다는 것이었죠. 이는 기체의 탄성력을 염두에 둘 때 그럴싸하게 보였고 후대의 기체 실험에도 큰 영향을 미쳤습니다. 한편 용해 실험의 결과는 여러 가지 미시적 힘을 도입하여 설명하려 했습니다. 예를 들어 은 이온이 포함된 용액에 구리를 넣으면 구리가 녹으며 은이 석출되는 현상을 두고 뉴턴은 구리와 산 사이의 인력이 은과 산 사이의 인력보다 강한 것이라고 설명했죠. 뉴턴 사후의 화학자들은 이러한 설명에 기반하여 화학 현상에서도 만유인력과 같은 보편적인 힘을 찾아내려고 했습니다. 물론 다양한 시도에도 불구하고 그런 힘을 발견하는 건 쉽지 않았죠.

이러한 배경 속에서 흥미로운 연구가 등장합니다. 프랑스의 의사이자 화학자였던 에티엔 조프루아Etienne François Geoffroy (1672~1731)가 1718년《친화력표affinity table》를 발표한 것입니다. 친화력이란 화학 반응, 특히 석출 및 침전 반응에 참여하는 여

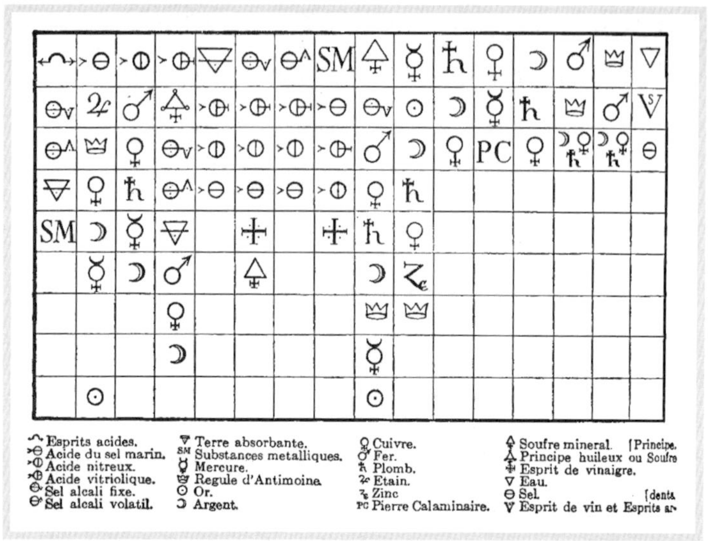

그림 7.1 에티엔 조프루아의 《친화력표》. 두 물질 사이에 작용하는 결합의 세기가 약해지는 순서를 표 형태로 정리해 두었다.

러 물질 사이의 친밀도를 가리킵니다. 물질 A와 B가 녹아 있는 용액에 물질 C를 집어넣었을 때 B는 석출되고 C가 녹는다면 마치 C가 B를 쫓아내는 것처럼 보입니다. 이는 A와 B 사이의 친화력이 A와 C 사이의 친화력보다 약한 것이라고 해석할 수 있습니다. 조프루아는 그 당시까지 알려진 반응들로부터 정보를 수집하여 하나의 체계적인 표를 만들었습니다. 열여섯 칸의 세로줄은 각각 여러 종류의 산, 염기, 금속을 나타내는 기호로 시작합니다. 그리고 그 기호 아래에는 이 물질과 결합하는 물질의 기호가 결합의 세기가 약해지는 순서대로 나열되어 있습니다. 가히 18세기의 주기율표라고나 할까요. 이러한 표는 이후 화학계에서 크게 유행했고 화학자는 너도나도 새로운 데이터를 추가하여 자신만의 친화력표를 만들기 시작했습니다.

친화력표의 유행은 18세기 화학자가 뉴턴 과학에 깊이 매료되어 있었다는 뜻일까요? 일부 과학사학자는 그렇게 주장하기도 했습니다. 친화력표는 뉴턴의 인력 개념을 화학 현상에 적용하기 위해 노력한 흔적이라는 것이죠. 하지만 최근 과학사 연구에 따르면 친화력표는 그보다 화학 내부의 필요에 따라 개발되고 사용되었다고 봐야 할 것 같습니다. 이러한 표가 당시 그들의 관심사였던 화학 현상을 설명하고 연구하는 효율적인 도구였기 때문에 널리 사용했다는 것이죠. 사실 조프루아가 처음 만든 표의 제목에는 인력도 친화력도 아닌 '관계rapport'라는 단어가 사용되었습니다. '인력'이라는 표현에는 뉴턴의 색깔이 강하게 들어가 있고 '친화력'이라는 표현은 당시 쇠락해 가는 연금술에서 널리 사용해 왔던 표현이었습니다. 어쩌면 조프루아는 특정한 철학적 입장을 지지하는 것처럼 보이지 않도록 매우 조심스럽게 제목을 지었던 것일지도 모르겠습니다.

화학을 화학답게

물리학[2]과 화학의 관계는 뉴턴의 승리 이래로 미묘해졌습니다. 어떤 화학자는 물리학의 성공 사례를 따르고 싶어 했고 어떤 화학자는 화학의 고유성을 주장했습니다. 게오르크 슈탈

Georg Ernst Stahl(1659-1734)은 두 번째 입장을 대표하는 인물이었습니다. 슈탈은 화학은 '결합체mixts'을 다루는 학문으로 '응집체aggregation'를 다루는 물리학과 다르다고 주장했습니다. 즉 어떤 물질을 둘로 쪼갠다고 할 때 물리학에서는 처음 물질과 동일한 성질의 물질을 얻는 과정을 연구하는 반면 화학에서는 생성물의 성질이 반응물의 성질과 전혀 같지 않은 반응을 연구하는 것이죠. 따라서 화학에서 사용되는 실험 기법은 물리학의 기법과 다를 수밖에 없습니다. 이러한 생각은 18세기 화학자들에게 널리 공유되었습니다. 디드로Denis Diderot(1713-1784)와 달랑베르Jean-Baptiste d'Alembert(1717-1783)의 《백과전서Encyclopédie》에 실린 '화학' 항목을 보면 화학은 화학적 구성에 대한 '물리학적 가설 없이' 화학 반응을 이해하고자 하는 학문이라는 자부심 넘치는 선언이 실려 있습니다.

슈탈이 유명한 또 다른 이유가 있습니다. 그는 훗날 논란의 중심에 서게 될 플로지스톤 이론을 널리 퍼뜨린 사람입니다. 플로지스톤phlogiston의 개념은 17세기의 연금술사 베허Johann Becher(1635-1682)가 처음 도입했습니다. 그는 목재가 불타서 재가 되는 과정을 설명하기 위해 목재는 재와 '가연성 흙terra pinguis'으로 이루어져 있다고 생각했죠. 슈탈은 이 질료에 플로지스톤이라는 이름을 붙였고 금속성 질료, 유리성 질료와 더불어 일반적으로 화합물을 구성하는 세 가지 질료 중 하나로 간주했습니다. 슈탈은 단순한 연소 반응 외에도 금속이 금속회calx가 되었다가 다시 금속으로 돌아오는 과정을 플로지스톤을 통해 설명합니다. 금속이 플로지스톤을 잃으면 금속회가 되어 생기를 잃어버리고 다시 금속회에 플로지스톤을 넣어 주면 생기를 되찾게 된다는 것이죠. 이렇게 금속을 태우거나 녹슬게 만들어서 금속회를 얻는 반응을 하소라고 부릅니다. (현대 화학 용어로는 '산화'이나 산화라는 용어가 화학 혁명 당시 논쟁의 핵심이므로 의도적으로 피하겠습니다.)

18세기 화학의 중요한 성취로 기체에 관한 연구를 들 수 있습니다. 18세기 초까지 공기는 단일한 성분으로 취급되었습니다. 하지만 18세기 말의 화학자는 다양한 기체가 존재할 수 있다는 것을 알았고 그 성질도 꽤 잘 파악하게 됩니다. 기체화학pneumatic chemistry은 주로 영국에서 발전했고 화학자뿐 아니라 물리학자와 의학자까지 넓은 범위의 학자들이 관심을 가졌습니다. 기체화학 내에서도 두 가지의 큰 흐름을 발견할 수 있는데 첫 번째는 기체를 만드는 데 필요한 열의 작용을 연구하는 흐름이었고 두 번째는 다양한 기체의 성질을 연구하는 흐름이었습니다.

열에 관련된 연구는 쿨렌William Cullen(1710-1790)이 시작했다고 볼 수 있습니다. 그는 모든 물질은 서로 인력을 띠는 일반적인 성분과 반발력을 가진 에테르로 구성되어 있다고 주장했습니다. (이 에테르aether는 현대 화학의 에터ether가 아니라 고대로부터 우주를 채우고 있는 물질로 여겨진 물질을 가리킵니다.) 그리고 일반적인 성분과 에테르 사이의 밀도 비율이 물질의 상을 결정합니다. 만약 일반적인 성분이 압도적이라면 고체가 되고, 둘이 대략 균형을 이룬다면 액체를 이루며, 에테르가 훨씬 많다면 기체가 되는 것이죠. 따라서 에테르가 주입되거나 제거되면 상태 변화가 일어날 수 있습니다. 에테르는 열의 형태로 움직이기 때문에 결국 발열 혹은 흡열을 통해 상태 변화가 일어나게 할 수 있습니다. 쿨렌은 이 개념을 확장하여 화학 반응도 설명하고자 했지만 큰 성공을 거두지는 못했습니다. 이후 쿨렌의 제자였던 블랙Joseph Black(1728-1799)이 비열과 잠열의 존재를 발견하면서 쿨렌의 상태 변화 이론은 큰 관심을 받게 됩니다.

블랙은 두 번째 연구 분야에도 크게 기여했습니다. 그는 탄산 마그네슘을 가열하여 이산화 탄소를 얻었는데 그것이 화합물 내에 고정되어 있었다는 의미에서 '고정된 공기fixed air'라는 이름을 붙여 줍니다. 그리고 밀도나 가연성 등 일반적인 공기와는 다른 성질을 가지고 있다는 점을 밝혀내죠. 캐번디시Henry Cavendish(1731-1810)는 블랙의 뒤를 이어 '가연성 공기inflammable air(수소)'를 발견했고 프리스틀리는 여기에 더하여 '초석 공기 nitrous air(아산화 질소)', '염산 공기muriatic acid air(염화 수소)', '과플로지스톤화 공기phlogisticated air(질소)', '탈플로지스톤화 공기dephlogisticated air(산소)' 등을 찾아내고 그 성질을 연구했습니다.

과학철학자 장하석은 18세기 화학의 철학적 흐름을 요소주의principlism에서 합성주의compositionism로의 변화로 요약합니다.[3] 요소주의는 특정한 성질을 시료에 더해 주는 질료 중심의 사고방식을 가리키고 합성주의는 여러 성분이 대등하게 합쳐져 새로운 물질을 만든다는 사고방식을 의미합니다. 요소주의는 조작을 통해 한 물질을 다른 물질로 변환하는 연금술적 개념으로 볼 수 있고 합성주의는 원자론과 기계론 철학에 그 기원을 둔다고 할 수 있겠습니다. 이번 장에 등장한 여러 이론적 도구에서도 두 가지 입장을 모두 살펴볼 수 있습니다. 플로지스톤 이론은 가연성을 더하는 요소주의의 색깔을 띠고 친화력표는 여러 성분 사이의 합성 경향성을 나타내니 합성주의를 드러낸다고 볼 수 있습니다. 18세기 말, 합성주의는 요소주의에 대해 압도적인 승리를 거두고 화학 세계를 평정합니다. 바로 라부아지에가 주도한 화학 혁명 때문입니다.

8장

화학 혁명이
단두대에 올린 것은

18세기 말은 혁명의 시대였습니다. 대표적인 사건이 프랑스 혁명이죠. 1789년 파리 시민이 바스티유 감옥을 습격하여 함락한 사건 이후, 프랑스 정국은 어마어마한 변화를 겪습니다. 절대 군주제는 입헌 군주제로 변화하고 결국 공화제로 바뀌게 됩니다. 프랑스 국왕 루이 16세Louis XVI(1754-1793)는 1793년 1월 단두대에서 처형되었고 왕비 앙투아네트Marie Antoinette(1755-1793)는 같은 해 10월 남편의 뒤를 따르죠. 이 장의 주인공인 두 명의 화학자 역시 프랑스 혁명이 그 삶에 큰 그림자를 드리웁니다. 영국의 과학자 프리스틀리는 프랑스 혁명을 지지한다는 이유로 1791년 보수주의자들의 습격을 받습니다. 폭도에 의해 집, 도서

관, 연구소가 파괴되고 생명의 위협을 느낀 그는 런던으로 도피했다가 그곳조차 안전을 보장할 수 없게 되자 결국 미국으로 이주하여 그곳에서 삶을 마감합니다. 혁명의 땅 프랑스에서 활동한 라부아지에는 더 극적인 운명을 겪습니다. 그는 세금 징수원으로 일한 전력이 문제가 되어 공포 정치가 한창이던 1794년, 51세의 나이로 단두대에서 목숨을 잃습니다.

라부아지에, 산소, 화학 혁명

혁명의 희생자인 라부아지에는 아이러니하게도 스스로의 연구를 혁명으로 간주했습니다. "이 주제의 중요성은 (……) 내게 물리학과 화학에서의 **혁명**을 가져올 운명인 것으로 보인다."(1773년) "모든 젊은 과학자가 이 새로운 이론을 받아들인다면 나는 화학에서 **혁명**이 완수되었다고 결론지을 수 있다."(1791년) 그리고 이와 같은 표현은 후대에 의해 널리 받아들여져 이 시기 화학에서 일어난 극적인 변화를 '화학 혁명'이라고 부르게 됩니다.

이야기는 플로지스톤 이론에서 출발합니다. 지난 장에서 살펴본 것처럼 플로지스톤은 물질이 연소되고 금속이 변질되는 현상을 설명하기 위해 도입된 개념으로, 물질이 연소될 때 또 금속이 하소될 때 플로지스톤이 빠져나간다고 설명할 수 있었습니다. 물질 내의 플로지스톤이 전부 소진되면 연소 혹은 하소 반응이 멈춰 버립니다. 플로지스톤 이론은 많은 현상을 설명할 수 있었습니다. 먼저 금속의 여러 가지 공통점, 예를 들어 반짝이는 성질이나 열 전도성 등은 플로지스톤 때문에 나타나는 성질로 볼 수 있었습니다. 제련 과정에서 금속회를 숯에 넣고 연소시키면 금속이 회복된다는 점도 설명할 수 있었습니다. 숯에는 플로지스톤이 많이 함유되어 있기 때문에 숯을 금속회와 함께 가열할 때 플로지스톤이 숯에서 금속으로 옮겨간다는 것입니다. 그래서 플로지스톤이 빠져나간 숯은 재가 되고 플로지스톤이 들어온 금속은 광택을 회복하는 것이죠.

유능한 기체 화학자인 프리스틀리는 여기에 더하여 밀폐된 용기 안에서 연소가 일어나면 대부분의 경우 물질이 다 타기도 전에 불이 꺼지는 현상을 관찰했습니다. 프리스틀리는 이 현상을 설명하기 위해 공기에 포함될 수 있는 플로지스톤의 양이 제한되어 있다는 가설을 세우고 밀폐된 용기 안에서 플로지스톤이 포화되면 연소 반응이 멈추는 것이라고 해석했습니다. 그리고 이렇게 밀폐된 용기 안에서 연소를 시킴으로써 특정 공기의 플로지스톤 포화 정도를 측정하는 방법을 개발합니다. 플로지스톤 이론은 생명 현상도 설명할 수 있었습니다. 호흡은 몸에서 생산된 플로지스톤을 폐에서부터 제거하는 과정이었습니다. 플로지스톤이 포화된 공기를 들이마시면 숨이 막히는 경험으로부터, 플로지스톤은 건강에 안 좋은 것으로 여겨졌죠. 따라서 프리스틀리의 방법으로 플로지스톤 포화 정도를 측정하면 각 지역의 공기 질을 정량화할 수 있었습니다.

1766년 캐번디시는 금속을 산에 넣으면 기체가 발생하는 것을 관찰합니다. 또한 불에 이 기체를 넣으면 폭발적인 연소가 일어나는 것도 확인했습니다. 그래서 캐번디시는 이 기체에 '가연성 공기'라는 이름을 붙입니다. 프리스틀리는 이 기체가 바로 순수한 플로지스톤이라고 보았습니다. 더 이상 플로지스톤을 포함하고 있지 않은 금속회를 산에 넣으면 용해는 일어나지만 금속과 달리 기체가 발생하지 않기 때문입니다.

1766년경부터 기체화학에 관심을 가졌던 젊은 화학자 라부아지에는 1772년 드모르보Guyton de Morveau에게서 금속이 하소될 때 무게가 증가한다는 사실을 들었습니다. 라부아지에는 직접 실험을 통해 금속이 하소되면 금속회의 무게는 증가하고 용기 내 공기의 부피는 감소한다는 사실을 관찰합니다. 처음에는 라부아지에도 플로지스톤 이론 안에서 이 현상을 설명하고자 했습니다. 금속회는 '공기 물질'을 포함하고 있고 금속회를 다시 가열하면 그 공기 물질이 금속회에서 빠져나와 플로지스톤과 결합한 뒤 기체가 된다는 것이지요. 이 설명을 따르면 금속회보다 금속의 무게가 더 가벼운 것을 설명할 수 있습니다. 하지만 라부아지에는 이내 플로지스톤 없이 이 과정을 설명할 수 있음을 깨달았습니다. 그는 공기에 '순수한 공기'와 '유독한 공기'가 있고 오직 순수한 공기만 연소를 돕는다고 가정했습니다. 그러면 금속이 하소될 때 순수한 공기가 금속과 결합하고 금속회를 가열하면 이 순수한 공기가 다시 빠져나온다고 설명할 수 있습니다.

1774년 프리스틀리는 밀폐 용기 안에서 붉은 수은재를 가열하는 실험을 수행합니다. 수은재는 수은으로 변했고 용기 내의 기체를 조사해 보니 일반 공기에 비해 호흡이 훨씬 용이했습니다. 프리스틀리는 붉은 수은재가 플로지스톤을 흡수하여 수은이 되고 공기는 플로지스톤이 빠져나가 '탈플로지스톤화' 공기가 되었다고 해석했습니다. 그는 이 결과를 다음과 같이 보고합니다. "내가 생산한 모든 유형의 공기 가운데 가장 주목할 만한 (······) 이 공기는 호흡과 연소를 위한 성능, 그리고 짐작하건대 평범한 대기 공기의 다른 모든 쓸모를 위한 성능이 평범한 공기보다 다섯 배에서 여섯 배나 더 우수합니다."[1] 프리스틀리는 1774년 10월 파리를 방문하여 라부아지에에게 이 실험에 대해 알려 줍니다. 라부아지에는 프리스틀리의 탈플로지스톤화 공기가 자신이 생각하던 순수한 공기임을 깨닫고 스스로 실험을 시도하여 같은 기체를 얻는 데 성공하죠.

라부아지에는 이 기체를 가지고 몇 가지 실험을 더 시도합니다. 그중 한 가지가 황과 인을 이 기체 속에서 연소시킨 것입니다. 그랬더니 황산과 인산이 만들어졌는데 라부아지에는 산성을 띠게 하는 이 기체를 '산소oxygen, 酸素'로 명명합니다. 'oxy-'라는 접두어는 그리스어 'oxys'에서 나온 말로 산acid, 酸을 가리킵니다. 즉 'oxygen'은 '산을 만드는 존재'라는 뜻입니다. (우리말 이름에는 원소라는 의미로 '소素'가 붙어 있지만 이는 원소 개념이 정립된 이후에 한자어 번역이 이루어졌기 때문입니다. 'oxygen'이라는 용어 자체에는 원소라는 개념이 들어 있지 않습니다.) 라부아지에는 왜 산소의 이름을 산과 연결하고자 했을까요? 이 당시 화학의 중심 분야는 기체화학이 아니라 염을 다루는 화학이었고 라부아지에의 의도는 산소를 통해 기체화학과 염화학을 연결하는 것이었습니다.

이러한 일련의 결과를 종합하여 1777년이 되면 라부아지에는 자신의 체계를 거의 완성하고 플로지스톤 이론이 틀렸다고 확신합니다. 그리고 공식적으로 플로지스톤은 상상의 물질일 뿐 화학에 필요 없다는 주장을 발표했습니다. 하지만 설득력이 약했습니다. 공기 중 일부가 연소 중에 물질에 흡수된다는 라부아지에의 주장을 받아들인 화학자들마저 여전히 연소 중에는 플로지스톤도 방출된다고 생각했죠. 라부아지에에게는 강력한 한 방이 필요했습니다.

그 강력한 한 방은 물에서 나왔습니다. 여기서는 두 가지 실험이 중요합니다. 첫 번째, 캐번디시는 1781년 가연성 공기와 탈플로지스톤화 공기를 섞은 후 스파크를 주었습니다. 그러자 용기 안에 물방울이 생겼습니다. 그는 이 실험이 물이 원소임을 증명한 실험이라고 생각했습니다. 가연성 공기에도 물의 성분이 포함되어 있고 탈플로지스톤화 공기에도 물의 성분이 포함되어 있는데 스파크를 통해 응축 반응이 일어나 물이 빠져나온 것이라는 해석이었습니다. 두 번째, 프리스틀리는 1783년 납의 금속회를 밀폐된 용기에 넣고 그 안에 가연성 공기, 즉 그가 플로지스톤이라 생각한 기체를 넣은 후 가열하는 실험을 수행합니다. 이 실험에서 그가 관찰한 것은 공기의 부피가 감소하는 현상이었습니다. 프리스틀리는 이 결과를 납이 플로지스톤을 흡수하여 공기의 부피가 감소한 것으로 보고 플로지스톤 이론의 확고한 근거라고 생각했습니다.

라부아지에는 이 두 가지 실험 결과를 접하고 자신의 산소 이론으로 재해석합니다. 먼저 캐번디시의 1781년 실험은 물이 산소와 가연성 공기로 구성된 화합물임을 보였다고 해석할 수 있습니다(그리고 여기에 착안하여 가연성 공기를 '물을 만드는 존재', 즉 '수소hydrogen, 水素'로 명명합니다). 또한 프리스틀리의 1783년 실험은 금속회가 가열되면서 산소가 빠져나오고 그 산소가 가연성 공기와 반응하여 물을 형성했다고 볼 수 있습니다. 가연성 공기가 그만큼 줄어들었으니 공기의 부피는 감소할 것입니다.

한편, 프리스틀리도 플로지스톤 이론을 정교하게 만들고 있었습니다. 프리스틀리는 가연성 공기를 순수한 플로지스톤으로 보기 어렵다는 것을 깨닫고 1784년 캐번디시의 해석을 받아들여 가연성 공기를 플로지스톤화된 물로 간주합니다. 이 프리스틀리-캐번디시 해석에 따르면 순수한 공기에는 물과 약간의 플로지스톤이 포함되어 있고 가연성 공기에는 플로지스톤과 약간의 물이 포함되어 있습니다. 스파크로 반응이 일어나면 물과 열이 발생합니다. 라부아지에의 산소 이론에 따르면 순수한 공기는 산소라는 원소이고 가연성 공기 역시 원소입니다. 반응이 일어나면 둘이 결합하여 물을 형성합니다. 두 이론은 반응의 산물로 나오는 '열'을 보는 관점이 미묘하게 다릅니다. 프리스틀리-캐번디시 해석은 열을 플로지스톤의 작용으로 보기 때문에 반응물인 순수한 공기와 가연성 공기의 무게를 합친 것과 생성물인 물의 무게가 (플로지스톤의 무게를 뺀 만큼) 달라집니다. 반면 라부아지에는 열을 무게 없는 존재로 보았기 때문에 반응물과 생성물의 무게가 같겠죠. 라부아지에는 이 차이점에 착안하여 1785년 많은 사람이 지켜보는 가운데 물 생성 반응의 반응물과 생성물의 무게를 엄밀하게 측정합니다. 그리고 두 값이 높은 정확도로 같다는 것을 보이죠.

이후 플로지스톤주의는 무대에서 점차 사라져 갑니다. 프리스틀리는 죽는 순간까지 플로지스톤 이론을 포기하지 않았지만 조금씩 라부아지에의 설명을 받아들입니다. 그는 1788년 산소가 산을 만들어 낸다는 설명을 받아들였고 1796년에는 금속이 공기 중의 성분을 흡수한다는 설명까지 받아들이죠. 커원 Richard Kirwan(1733-1812)은 산소 이론을 향해 날카로운 공격을 펼치면서 플로지스톤 이론을 마지막까지 사수하고자 했지만 결국 1791년 실험적 근거의 부족을 인정하며 항복을 선언합니다. 이렇게 화학 혁명은 마무리됩니다. "과학사에서 잘 알려진 모든 혁명 가운데 가장 극적인 것은 어쩌면 화학 혁명일 것이다. (……) 라부아지에가 기체들에 관한 화학을 탐구하기 시작한 때와 유럽에서 플로지스톤을 옹호한 최후의 주요 인물인 리처드 커원이 공개적으로 항복을 선언한 때 사이의 간격이 겨우 20년에 불과하다."[2]

플로지스톤은 오답이었는가

이 긴 이야기를 한마디로 요약하자면 플로지스톤 이론과 산소 이론이 전면전을 펼친 끝에 산소 이론이 성공을 거두었다는 이야기가 되겠습니다. 그렇다면 산소 이론이 성공을 거둔 이유는 무엇일까요? 단순히 산소 이론이 정답이고 플로지스톤 이론은 오답이었기 때문일까요? 당시 과학자의 눈에는 무엇이 정답인지가 그렇게 명백하지 않았습니다. 따라서 무언가 다른 요소가 각 화학자의 선택에 개입했다고 볼 수 있겠죠. 장하석은 산소 이론의 성공을 물질의 구성에 관한 관점이 변화하는 커다란 흐름에서 자연스럽게 나타난 현상으로 설명합니다.[3] 18세기 화학은 물질에 요소를 더하고 빼서 성질을 변화시킬 수 있다는 요소주의를 벗어나 물질을 각 구성 성분으로 나누고 합치는 개념으로 설명하는 합성주의를 체득하는 중이었습니다. 화학 혁명은 그 변화를 대변하는 한 가지 사건으로 볼 수 있다는 것입니다.

화학 혁명 이야기를 다시 한번 돌이켜 보면 한 가지 석연치 않은 부분이 남아 있습니다. 라부아지에의 이론에서 산소가 연소의 핵심 역할을 한다는 가설을 봅시다. 이 이론에서 연소 과정에서 발생하는 열은 어떻게 설명할 수 있을까요? 플로지스톤 이론에서는 플로지스톤 자체가 열을 내는 성분이었기 때문에 별도의 설명이 필요 없습니다. 하지만 라부아지에 체계에서 산소는 산을 만드는 성분이지 열과는 직접적인 연관이 없습니다. 라부아지에도 이 사실을 알고 있었고 그는 칼로릭caloric이라는 별도의 성분을 도입해서 이 문제를 해결하고자 합니다. 칼로릭은 무게가 없는 성분으로 유체와 같은 성질을 가지고 있습니다. 이 칼로릭 가설은 지난 장에서 살펴본 쿨렌과 블랙의 열 연구를 기반으로 하며 라부아지에는 칼로릭을 화학 반응의 주요 요소로 포함하여 흡열 반응과 발열 반응을 설명합니다.

화학 혁명은 이미 당시부터 과학계를 떠들썩하게 만든 사건이었고 이후에도 현대 화학의 성립 과정을 설명할 때 꼭 언급되는 사건입니다. 그러다 보니 과학사를 연구하는 사람들도 이 사건에 관심이 많아서 오래전부터 많은 연구가 진행되었죠. 토머스 쿤은 유명한《과학혁명의 구조》에서 과학 혁명의 한 가지 예로 화학 혁명을 제시하며 플로지스톤 패러다임과 산소 패러다임의 경쟁을 설명합니다. 쿤 이후로도 화학 혁명이 현대 화학의 성립에 미친 영향이 어느 정도 되는지, 그 과정에서 라부아지에가 수행한 역할은 얼마나 큰지를 두고 많은 논쟁이 있었습니다. 장하석이《물은 H_2O인가?》를 통해 플로지스톤 이론의 재평가를 시도하여 큰 관심을 받기도 했죠. 이 논쟁은 여전히 진행 중입니다.

화학 혁명 다시 생각하기

자, 이제 다음과 같은 질문을 생각해 봅시다. 라부아지에는 자신의 이론을 완성하고 공개적으로 검증한 후 1794년 단두대에서 목숨을 잃기 전까지 무슨 일을 했을까요? 화학 혁명에는 산화 이론 외에 어떤 결과물이 있을까요? 라부아지에가 화학 혁명을 일으킬 수 있었던 사회적인 배경에는 무엇이 있을까요? 그리고 오늘날 우리는 화학 혁명을 어떻게 평가할 수 있을까요?

라부아지에는 여러 권의 책을 집필하면서 자신의 이론을 다듬고 그것을 과학자 사회에 전파했습니다. 1783년 물리학자 라플라스Pierre-Simon Laplace(1749-1827)와 쓴《열에 관한 논문Mémoire sur la Chaleur》에서 칼로릭 개념을 정교화하면서 열량계를 소개했고 1787년 베르톨레Claude-Louis Berthollet(1748-1822), 드푸르크루아Antoine-François de Fourcroy(1755-1809), 드모르보와 함께 쓴《화학 명명법Méthode de Nomenclature Chimique》에서는 새로운 명명법을 제시합니다. 라부아지에의 역작은 1789년 출판된《화학 원론Traité Élémentaire de Chimie》입니다. 후배 세대 화학자를 교육할 목적으로 쓰인 이 책에서 라부아지에는 자신의 원소 개념, 산소 이론, 칼로릭 이론을 중심으로 화학의 모든 분야를 하나로 통합하는 이론적 틀을 제공합니다. 또한 열량계와 저울을 중심으로 '새로운 화학'에서 필요로 하는 양을 측정하는 법을 체계적으로 가르치지요. 흥미로운 것은 이전까지 화학 교과서는 항상 화학의 역사를 소개하며 오랜 전통을 강조하곤 했는데 라부아지에의《화학 원론》은 역사적인 설명을 전부 뛰어넘고 바로 자신의 이론을 소개한다는 것입니다. 새로운 화학의 자신감을 보여 주는 한 가지 예 아닐까요?

화학 혁명은 단순히 하나의 연소 이론이 다른 연소 이론을 몰아낸 사건이 아니었습니다. 라부아지에는 자신의 혁명을 통해 화학의 방법론을 재정립하고자 했습니다. 화학 혁명 시기를

거치면서 화학자의 관점이 요소주의에서 합성주의로 변화했을
뿐 아니라 화학의 실험 방법이 완전히 달라지고 화학 용어들이
새로 자리 잡습니다. 어떤 과학사학자는 플로지스톤 이론이 산
화 이론에 잠식된 것보다 화학의 방법론이 변화한 것이 더 중
요한 변화라고 생각할 정도입니다.[4] 지금부터 화학의 방법론이
어떻게 변화했는지 차근차근 살펴봅시다.

실험 방법부터 살펴보겠습니다. 18세기 중반까지 사용된 화
학 기구는 그 이전의 기구와 별반 다르지 않았습니다. 이 시기
화학자는 시각, 청각을 비롯해 후각과 미각까지 자신의 오감에
의존하여 실험을 수행했습니다. 18세기 중반을 대표하는 프랑
스 화학자인 루엘Guillaume François Rouelle(1703-1770)은 학생에게 다
양한 감각 기관을 활용하여 화학 반응을 인지하는 법을 필수로
가르쳤습니다. "먼저 감각을 통하지 않고는 인지할 수 없다"가
그의 모토였죠. 예를 들어 그는 실험이 진행되는 동안 수용액
의 맛이 변하는 것을 보여 주며 몸을 활용하여 실험하는 법을
가르쳤죠. 어쩌면 현대 화학자가 화합물의 냄새만 맡고도 어떤
성분이 들어 있는지 알아차리는 것이 이러한 전통 위에 서 있
다고 할 수 있겠습니다. 18세기 후반이 되면서 저울, 온도계, 열
량계 등이 화학 실험 테이블 위로 올라오기 시작했지만 루엘은
당시 막 발명된 온도계를 실험에 활용하면서도 인간 감각의 확
장으로 생각했지, 새로운 기구를 사용한다고 여기지 않았습니
다. 즉 인간이 촉각을 사용해 온도를 느끼는 것과 온도계를 사
용해 온도를 측정하는 것이 본질적으로 다른 활동이라고 생각

하지 않은 것입니다.

이러한 시각은 화학 혁명 이후로 크게 변화합니다.《화학 원론》에는 화학자가 연구를 위해 자신의 감각을 활용해야 한다는 메시지가 등장하지 않습니다. 그 대신에 실험 기구 다루는 법을 충분히 익혀서 정확한 측정을 해야 한다고 가르치죠.[5] 라부아지에가 플로지스톤 이론을 공격하는 데 사용한 데이터는 숫자로 된 데이터였습니다. 프리스틀리는 라부아지에의 방법론에 즉각 비판을 가했습니다. 라부아지에의 측정 방법은 지나치게 복잡하고 까다롭기 때문에 실험을 재현하기 어렵다는 것입니다. 이는 단순한 불평이 아니었습니다. 프리스틀리는 민주적이고 평등한 과학 문화를 꿈꾸는 사람으로서 정교한 실험 도구와 복잡한 실험 방법으로 인해 과학 활동의 진입 장벽이 높아지는 것을 우려했습니다. 프리스틀리가 보기에 새로운 측정 방법과 측정값은 그저 권력의 과시일 뿐 설득력 있는 논증 방법이 아니었습니다. (이러한 비판은 화학의 역사 속에서 자주 등장합니다. 비싸고 정교한 공기 펌프를 연구에 활용했던 로버트 보일도 비슷한 비판에 부딪힌 적이 있었습니다.[6])

하지만 시간이 지남에 따라 라부아지에의 실험을 재현하는 사람들이 늘어났고 정교한 측정의 가치를 인정하는 과학자가 많아집니다. 그들 중에는 열정적인 라부아지에 지지자도 있었지만 다소 비판적으로 방법론을 받아들이는 사람도 있었습니다. 그들이 갖는 한 가지 불만은 라부아지에가 많은 숫자를 보고하지만 그게 어디까지 정확한 것인지 알 수 없다는 것이었습니다. 예를 들어《화학 원론》에서는 라부아지에가 자신이 측정한 무게를 파운드 단위로 소수점 이하 일곱 자리까지 제시한 내용이 나옵니다. 그러나 당시의 저울 중에 이렇게 정확한 값을 줄 수 있는 저울은 존재하지 않았습니다! 결국 화학자들은 숫자의 가치를 인정하는 한편 모든 숫자가 다 신뢰할 만한 것은 아니라는 점을 깨닫게 됩니다. 바로 오늘날 유효 숫자 문제로 알려진 문제입니다.[7]

다음으로 화학 용어가 어떻게 개혁되었는지 보겠습니다. 화학에서 다루는 여러 물질은 역사적인 이유로 다양한 이름을 부여받았습니다. 그러다 보니 비슷한 성분을 포함하고 있는 물질들이 전혀 다른 이름을 갖기도 하고 반대로 전혀 다른 물질들이 색깔이 비슷하다는 이유로, 모양이 비슷하다는 이유로, 냄새가 비슷하다는 이유로 비슷한 이름을 얻기도 했습니다. 심지어 같은 물질에 여러 이름이 붙기도 했습니다. 18세기에 황산 포타슘은 tartre vitriolé, sel de duobus, sel polichreste de Glaser, panacea duplicata, arcanum duplicatum 등으로 불렸습니다.[8]《화학 명명법》은 이러한 혼란을 정리하려는 시도였고 결국 큰 성공을 거둡니다. 출판 직후에는 다소 비판도 받았습니다만 20년 정도 흐른 뒤에는 유럽과 미국의 모든 화학자가 전통적인 용어를 버리고《화학 명명법》의 용어를 사용하게 되죠. 이는 당시 화학자가 용어 개편의 필요성을 모두 느끼고 있었고《화학 명명법》의 제안이 그 갈증을 적절히 해소해 줄 수 있었음을 보여줍니다.[9]

《화학 명명법》에서는 '단순한 물질'을 중심으로 표를 제시합니다. 이 표에서는 단순한 물질이 순수하게 있을 때, 기체로 존재할 때, 산소와 결합했을 때, 산소와 결합하여 기체가 되었을 때, 염기와 결합했을 때, 산소가 아닌 물질과 결합했을 때로 나누어 체계적인 이름을 제시합니다. (원래 이름은 프랑스어로 주어졌지만 이하에서는 우리가 더 익숙한 영어 용어로 표기하겠습니다.) 예를 들어 순수한 숯으로 불린 물질은 여기서 탄소carbon라는 이름을 받습니다. 탄소가 산소와 결합하면 탄산carbonic acid이 되는데 이 물질은 전통적으로 백악산cretaceous acid이라 불렸습니다. 탄산이 기체로 존재하면 탄산 기체carbonic acid gas입니다. 전통적인 이름은 고정된 공기 혹은 유독성 공기mephitic air였습니다. 탄소가 석회와 결합하면 원래 백악chalk으로 불리던 석회 탄산염carbonat of lime이 됩니다. 보시다시피 전통적인 이름 사이에는 아무런 관계가 없지만《화학 명명법》은 이름을 통해 그것들 사이의 관계를 분명히 보여 주죠. 다만 이렇게 쉽게 관계를 찾을 수 없는 물질(대부분 유기 화합물)은 표준 용어를 제시하는 선에서 정리합니다.

혁명은 혼자 이룬 것이 아니다

우리가 지금까지 살펴본 것처럼 화학 혁명 시대에 산화 이론 뿐 아니라 실험 철학과 화학 용어 역시 급격히 변화했습니다. 전통적인 관점은 이 모든 것이 전부 라부아지에의 공이라는 것이었습니다. 이 관점에 따르면 라부아지에는 천부적인 개혁가였고 산화 이론을 만든 것뿐 아니라 새로운 실험 방법론을 도입하고 화학 용어를 개혁했습니다. 그의 산화 이론은 설득력이 있었기에 온 유럽의 화학자가 이 이론을 받아들였고 그 과정에서 라부아지에의 실험 방법론과 화학 용어까지 순식간에 퍼져나갔다는 것이죠. 하지만 최근의 과학사학자들은 더 큰 사회적 맥락이 있다고 생각합니다. 라부아지에가 이끈 혁명이 짧은 시간 내에 수용되었다는 것은 당시 유럽의 과학자 공동체가 변화를 받아들일 준비가 되어 있었다는 뜻이기도 하니까요.

지난 장에서 살펴보았듯 18세기 화학자는 화학을 단순한 기술이 아니라 학문으로 만들기 위해 부단히 노력했습니다. 이를 위해 필요한 것은 통일성 있고 보편적인 '설명 체계'였습니다. 화학 혁명 직전의 화학자는 아직 화학이 그러한 체계를 갖추고 있지 못하다고 느끼고 있었습니다. 그렇다면 이 체계는 어떤 특징을 가져야 할까요? 라부아지에를 비롯한 프랑스 화학자들은 콩디약Étienne Bonnot de Condillac(1715-1780)이라는 프랑스 철학자에게서 답을 구합니다. 콩디약은 1749년 집필한 《체계론Traité des systèmes》에서 "제대로 연구된 학문이란 잘 만들어진 언어에 다름 아니"라며 "잘 만들어진 언어는 어떤 것이든 이해가 되는 언어이므로 지성을 가진 사람이라면 이해하지 못할 학문이란 없다"라고 썼습니다. 그렇다면 '잘 만들어진 언어'란 무엇일까요? 콩디약은 잘 만들어진 언어란 단순한 개념으로 구성된 언어라고 생각했고 여기서 단순한 개념은 경험에서 직접 나온 것이어야 한다고 생각했습니다. 이를 위해 복잡하고 추상적인 개념을 분석하여 감각에 기초한 개념으로 쪼개야 한다고 주장했죠. 이렇게 잘 만들어진 언어의 예로는 대수학이 있었습니다.[10]

콩디약의 영향을 받은 라부아지에는 《화학 원론》에서 다음과 같이 말합니다. "내가 결코 벗어나서는 안 되었던 엄격한 규칙은 경험이 제시하는 것을 넘어서는 어떠한 결론도 이끌어 내서는 안 되고 사실들의 침묵을 보충하는 일도 결코 없어야 한다는 것이었[다]."[11] 라부아지에는 화학 반응을 대수 법칙처럼 단순하게 묘사하고자 했고 마치 방정식의 좌변과 우변이 같은 것처럼 반응물과 생성물에서 같게 유지되는 숫자를 찾기 위해 노력했습니다. 그리고 라부아지에가 찾은 것은 바로 무게와 열량이었죠. 라부아지에는 화학을 단순하게 만들기 위해 저울과 열량계를 활용한 것입니다.[12] 사실 라부아지에는 산화 문제에 본격적으로 뛰어들기 전부터 저울을 적극 사용했습니다. 그가 스물일곱 살이던 1770년, 파리에서 상수도를 끌어오는 문제를 두고 큰 논란이 일어납니다. 어느 물이 식수로 좋은지 정하기 위해 여러 수원에서 물을 채취하여 끓여 보았는데 그 안에서 잔여물이 발견된 것입니다. 전통적인 설명은 물을 가열하면 흙이 만들어진다는 것이었습니다만 라부아지에는 가열 전후의 무게를 측정하여 생성된 물질의 무게가 용기의 감소한 무게와 거의 같다는 것을 보임으로써 이 잔여물이 용기에서 왔음을 밝혀냈습니다.[13] 이는 라부아지에가 일찍부터 저울을 화학 연구의 핵심 기법으로 활용했음을 보여 줍니다.

용어 문제 역시 마찬가지입니다. 라부아지에와 그의 동료들에게 있어 원소란 분석을 통해 찾아낼 수 있는 가장 단순한 물질 성분이었고 실험으로 알아낼 수 없는 그 너머의 설명은 불필요했습니다. "그러므로 나는 원소라는 용어를 물체를 구성하는, 더 이상 나눌 수 없는 단순한 분자를 가리킨다고 이해하는 것으로 만족할 것이다. 우리가 그 원소들[의 정체]를 모를 수도 있다. (……) 이는 우리가 단순한 것으로 간주하는 그 물체들이 그 자체로 둘 혹은 더 많은 수의 질료로 구성되어 있지 않다는 사실을 확신할 수 있기 때문이 아니라 이 질료들은 결코 분리되지 않기 때문에, 더 정확히 말하자면 우리가 그 질료들을 분리할 어떤 방법도 없기 때문에 그렇다."[14] 새로 등장한 화학 명명법은 이 원소 개념을 그 중심에 두고 원소가 결합하는 방식에 따라 체계적으로 물질을 명명할 수 있기 때문에 전통적인 용어에 비해 잘 만들어진 언어가 될 수 있었죠.

정리하자면 화학 혁명 시기에 화학이 겪은 변화는 한 사람의 천재성으로만 설명할 수 있는 것이 아니었습니다. 당시 화학이 물질을 바라보는 관점은 요소주의에서 합성주의로 이행하고 있었고 라부아지에의 산화 이론은 플로지스톤 이론과 비교할 때 그러한 측면에서 화학자의 지지를 비교적 빠르게 얻어낼 수 있었습니다. 또한 당시 화학자들은 화학을 전문적인 학문으로 만들고자 했고 이를 위해 잘 만들어진 언어가 필요했습니다. 라부아지에가 제시한 새로운 방법론과 용어는 이러한 잘 만들어진 언어의 조건을 충족시켰기에 역시 빠르게 수용될 수 있었습니다.

이번 장을 마무리하기 전에 라부아지에의 중요한 조력자 이야기를 해야 할 것 같습니다. 바로 라부아지에의 아내 마리안 라부아지에Marie-Anne Pierrette Paulze Lavoisier(1758-1836)입니다. 흔히 마담 라부아지에로 불리는 그는 라부아지에의 연구에서 핵심적인 역할을 수행하였습니다. 라부아지에의 실험 과정을 기록하고 편집했고, 논문에 들어갈 삽화를 직접 그렸으며, 심지어 영어를 배워 영어 논문을 프랑스어로 번역하여 라부아지에에게 제공하기도 했습니다.[15] 여성이 드문 과학사에서 마리안 라부아지에의 존재는 많은 관심을 끌었고 지금까지도 많은 연구가 진행되었습니다. 독자가 그 존재를 기억했으면 하는 바람에서 짧게나마 언급을 남깁니다.

9장

이름 짓기와 수학화,
혁명을 완성하다

화학 혁명 시기에 화학은 큰 변화를 겪습니다. 라부아지에라는 걸출한 인물이 변화를 선도했기 때문에 이루어진 부분도 분명히 있었습니다. 하지만 많은 변화는 이미 무대 뒤편에서 분주하게 뛰어다닌 화학자들에 의해 진행되고 있었습니다. 라부아지에 사후 '화학의 창시자'를 신격화하는 움직임 때문에 이들의 공이 올바르게 평가되지 못한 부분이 있습니다.[1] 이번 장에서는 스포트라이트를 조금 옮겨 라부아지에 시대에 활동한 다른 화학자들의 이야기를 살펴볼까 합니다. 지난 장에서 화학 혁명 시기에 변화한 세 가지를 언급했습니다. 바로 물질을 바라보는 관점, 실험 기법, 용어입니다. 이들을 중심으로 다른 화학자들의 기여를 생각해 보겠습니다.

이름에 본성을 담기

18세기 중반 화학 용어의 혼란스러움은 많은 화학자가 체감하고 있는 바였습니다. 프랑스의 화학자 피에르 마케르Pierre Macquer(1718-1784)가 1766년 쓴《화학 사전Dictionnaire de Chymie》에서는 금속 염의 이름을 통일하자는 주장이 등장합니다. "금속기를 가지고 있는 명반염들에게는 동일한 공통 이름 '명반vitriol'을 주는 것이 적당할 것이다. 예를 들어 명반산과 금으로 이루어진 명반염은 금의 명반vitriol d'or이라 부르고, 동일한 산과 은의 조합에서 만들어지는 염은 은의 명반vitriol d'argent 또는 vitriol de lune 이라고 부르는 것이다."[2] (오늘날의 용어로 명반염vitriolic salt은 황산염을 가리키고 명반산vitriolic acid는 황산을 가리킵니다.) 그는 질산염, 주석산염, 아세트산염, 인산염 등에 대해서도 공통된 이름을 붙이자고 주장했습니다. 흥미로운 것은 그런 주장을 해놓고도 마케르가 자신의 책의 다른 부분에서는 전통적인 이름을 사용했다는 것입니다. 아무래도 전통적인 이름이 여전히 널리 사용되고 있었기 때문에 타협한 것이 아닐까 싶습니다.

사실 이 시기에 이렇게 언어에 관한 논의가 시작된 것은 우연이 아닙니다. 18세기는 화학뿐 아니라 학계 전역에서 언어의 중요성을 깨닫고 체계적인 용어를 수립하기 위해 노력한 시기입니다. 지난 장에서 살펴본 콩디약을 비롯하여 루소Jean-Jacques Rousseau(1712-1778), 디드로 등 당대를 선도한 철학자는 학문의 언어가 얼마나 중요한지를 설파했습니다. 의학처럼 전통적인 용어를 고수하던 학문 분야에서도 용어 개혁이 진행되고 있었습니다. 그러나 무엇보다 중요한 개혁은 바로 스웨덴의 의사이자 생물학자 린네Carl von Linné(1707-1778)의 생물 명명법 개혁이었습니다. 린네에게 생물의 이름은 단순한 인위적 꼬리표가 아니었습니다. 린네는 각 명칭이 해당 생명체의 본성을 반영해야 한다고 생각했고 따라서 분류학자 개인의 취향이 아니라 보편적이고 일반적인 규칙을 따라야 한다고 주장했습니다. 린네는 종과 속을 표시하는 유명한 이명법二名法에 더하여 각 종과 속의 이름 역시 보편적이고 단순한 이름으로 지어야 한다는 원리를 제시했습니다. 또한 각 지역 언어를 사용하지 않고 당시 학계의 중립적 언어인 라틴어로 이름을 지어야 했고 되도록 짧은 한 단어짜리 이름을 지어야 했습니다. 린네의 철학과 명명 원리는 화학에도 지대한 영향을 미쳤습니다.[3]

이쯤에서 토르베른 베리만Torbern Bergman(1735-1784)이라는 흥미로운 화학자를 소개하는 것이 좋을 것 같습니다.[4] 그는 스웨덴에서 태어나 스웨덴에서 활동한 화학자입니다. 광산 산업이 크게 발전하던 18세기 스웨덴은 광물학 분야의 선도 국가였습니다. 중세 이후 1866년까지 발견된 화학 원소의 40% 이상이 스웨덴에서 나왔을 정도입니다. 베리만의 아버지는 그가 신학이나 법학을 공부하기를 바라며 젊은 그를 웁살라 대학교에 진학시켰지만 (아버지에게는 불행하게도) 그는 물리학과 화학을 비롯한 과학에 심취합니다. 그의 연구는 당시 스웨덴 과학의 권위자였던 린네의 관심을 끌었고 린네는 베리만이 더 깊이 과학에 집중하도록 격려했습니다. 1758년 베리만은 순수 수학으로 석사 학위를 취득했고 이후 광물학 및 화학 연구를 집중적으로 수행하여 1767년 웁살라 대학교의 화학 교수로 채용되었습니다. 그는 화학 혁명이 한창 진행 중이던 1779년,《물리학 및 화학 논문집Opuscula Physica et Chemica》을 발표하여 자신의 화학 체계를 소개합니다.

베리만은 광물과 염을 분류하는 문제에 큰 흥미를 가지고 있었습니다. 처음에는 결정의 모양을 가지고 분류를 시도했지만 이내 염의 조성과 결정의 기하학적 형태 사이에 큰 관련성이 없다는 사실을 깨닫습니다. 그는《물리학 및 화학 논문집》에서 화학 연구는 분석과 합성의 두 축으로 진행되어야 한다고 주장합니다. 분석이란 존재하는 물질을 분해하여 그 구성 요소를 밝혀내는 것이고 합성은 그 구성 요소를 합쳐서 새로운 물질을 만들어 내는 것입니다. 그런데 결정의 형태, 맛, 냄새와 같은 성질은 분석 전후에 달라져 버립니다. 따라서 이런 성질들은 물질의 본성을 나타낼 수 없습니다. 분석 후에도 남아 있는 성질만이 물질의 본성을 드러내는데 베리만에게는 구성 요소가 바로 그런 성질이었습니다. (베리만은 이 본성을 찾아내기 위해 정교한 분석법을 개발했기에 '최초의 분석 화학자'로 불리기도 합니다.) 베리만은 각 물질의 이름은 비본질적인 성질을 표현할 것이 아니라 본질적인 성질을 나타내야 하며 따라서 물질의 이름이 구성 요소를 반영해야 한다고 생각했습니다. 여기에서 린네가 미친 깊은 영향을 볼 수 있습니다.

베리만은 세상을 떠나기 2년 전에 출판한《광물계 개요Sciagraphia Regni Mineralis》(1782)에서 스승 린네의 식물 분류법을 따라 강class, 속genus, 종species과 같은 개념을 도입하여 광물을 분류하고자 시도합니다. 가장 큰 분류인 '강'에는 염, 토류, 인화성 물질, 금속의 네 가지 분류가 있었습니다. 토류, 인화성 물질, 금속의 경우에는 서로 다른 물질을 서로 다른 속으로 분류했습니다. 반면 염의 경우에는 산성 염acidum과 염기성 염alkali의 두 속이 있었고 그 아래에 각 산과 염기를 종으로 분류했습니다. 산이 금속, 토류, 염기와 만나 만들어지는 중성 염의 경우에는 산의 이름과 금속, 토류, 염기의 이름 형용사형을 합쳐서 명명했습니다. 예를 들어 질산 은은 질산nitrosum과 은argentum의 이름을 합쳐 'nitrosum argentatum'과 같이 썼죠. 그 외에도 몇 가지 고려해야 할 상황이 있었는데 광물학 전문가였던 베리만은 그 모든 상황을 일관되게 다룰 수 있는 체계를 만드는 일에 성공했습니다.

뒤에서 조금 더 자세히 살펴보겠습니다만 베리만의 제안은 같은 시기에 명명법을 고민한 다른 화학자들에게도 큰 영향을 미칩니다. 베리만은 프랑스에서 비슷한 작업을 진행하는 드모르보와 서신을 많이 교환했고 베리만의 체계를 시험해 본 다른 나라의 화학자도 제법 있었습니다. 문제는 그 직후 라부아지에가 몰고 온 폭풍이 너무도 거셌다는 점입니다. 베리만의 체계

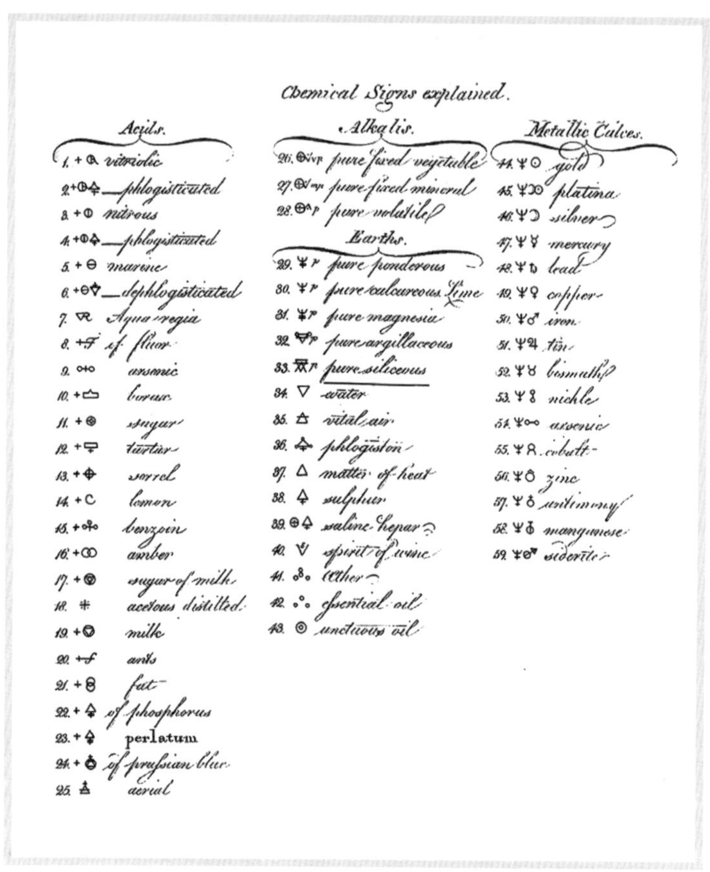

그림 9.1 베리만의 1775년 논문 〈선택적 친화력에 대한 논고〉에 등장하는 물질의 분류.

에는 기체에 대한 명명법이 포함되어 있지 않았고 화학 혁명의 주인공인 산소를 다루지 않았습니다. 그 결과 라부아지에의 이론을 받아들인 사람은 라부아지에의 명명법을 함께 받아들였고 베리만의 체계는 사람들의 기억에서 잊히게 됩니다.

한 가지 흥미로운 것은 베리만이 변방 국가의 화학자로서

126

언어의 장벽을 겪었다는 점입니다. 베리만은 스웨덴을 떠난 적이 거의 없었지만 유럽 전역의 화학자와 수많은 편지를 주고받으면서 당시 학계의 최신 동향을 파악하고 있었습니다. 그는 자신이 받은 편지를 잘 보관해 두었는데 그가 받은 편지 중에는 스웨덴어나 덴마크어는 물론 프랑스어, 영어, 독일어, 라틴어로 된 편지도 있습니다. 아마 그가 그 모든 언어를 능숙하게 구사하지는 못했더라도 어느 정도 이해는 할 수 있었을 것입니다. 영국의 플로지스톤 화학자 리처드 커원이 베리만에게 보낸 편지에는 다음과 같은 표현이 있습니다. "선생께서 마젤란 씨에게 주신 편지를 어제 받았는데 선생께서 프랑스어를 유창하게 구사하심을 보고 저 역시 라틴어보다 프랑스어가 훨씬 친숙하기에 기쁘게 이 언어로 편지를 씁니다." 이처럼 베리만은 끊임없이 모국어가 아닌 언어로 소통하면서 자신의 존재감을 드러냈습니다. 그의 광물 명명법이 라틴어로 된 것도 이와 무관하지 않을 것입니다. 초기에는 베리만도 모국어인 스웨덴어로 광물의 이름을 지으려고 시도했지만 결국 스웨덴어를 포기하고 더 보편적인 라틴어를 선택합니다. "완전히 새로운 이름들을 만들기 위해 나는 그 뿌리가 라틴어가 되기를 원했다. 이 언어는 (……) 지금은 죽은 언어가 되었고 더 이상 일정한 변화를 겪지 않는다. 따라서 만약 개혁이 이 언어로 먼저 진행된다면 그 이후 살아 있는 언어들에서 (각 언어의 특징이 허락하는 한) 동일한 방식으로 같은 개혁을 진행할 때 훨씬 수월할 것이다."

명명법과 반플로지스톤 이론의 전파

드모르보는 라부아지에 이야기를 할 때 여러 번 등장한 프랑스 화학자입니다.[5] 예를 들어 금속이 하소될 때 무게가 늘어난다는 사실을 라부아지에에게 처음 알려준 사람이 바로 드모르보였죠. 그래서 위대한 과학자의 조연 정도로 여기기 쉬운데 실제로 라부아지에의 이름을 달고 퍼져 나간 프랑스식 명명법은 드모르보가 주도한 프로젝트였습니다. 드모르보는 1770년대 초반부터 이미 전통적인 이름이 잘못되었다고 느끼고 있었고 마케르가 제안한 용어를 사용해 보기도 했습니다. 하지만 아직 체계적인 명명법까지는 생각이 못 미치고 있었죠. 드모르보의 생각이 크게 바뀐 것은 1779년 베리만의 저작《물리학 및 화학 논문집》을 접하면서였습니다. 드모르보는 큰 감명을 받고 직접 그 책을 번역하여 1780년 프랑스어로 출간하기까지 합니다.

드모르보는 1782년《화학 명칭론Mémoire sur les Dénominations Chimiques》을 펴내 새로운 명명법을 제안합니다. 드모르보는 이 책에서 자신이 생각하기에 바람직한 명명법의 원리를 소개하는데 이는 베리만의 철학과 유사한 점이 많습니다. 물질의 이름은 간단해야 했고 물질의 본성을 잘 드러내야 했습니다. 또한 이미 사어가 된 언어를 사용하는 것이 바람직하다고 보았는데 드모르보는 라틴어보다 고전 그리스어를 선호했습니다. 흥미롭게도 드모르보의 원리 중에는 아직 구성 요소가 정확히 밝혀져 있지 않은 물질의 경우 특정 가설을 차용하는 대신 중립

적이고 별 의미 없는 임시 이름을 사용하는 것이 좋다는 원리
도 있습니다. 드모르보는 자신의 원리를 체계적으로 적용하여
새로운 이름들을 만들어 냈고 논의를 고체 물질에 한정한 베리
만과는 달리 기체까지 포함하여 일관된 이름을 제시했습니다.
이 책을 읽은 베리만은 드모르보의 제안을 환영했고 그 내용을
반영하여 1784년 자신의 체계를 수정 및 확장하여 제시합니다.
베리만은 드모르보와의 공동 작업을 꿈꾸었지만 안타깝게도
그 꿈이 이루어지기 전에 세상을 떠나고 말았죠.

　《화학 명칭론》이 출판된 6개월 후, 드모르보는 파리를 방문
했다가 라부아지에를 비롯한 반플로지스톤 화학자들을 만납니
다. 그는 그곳에서 산화 이론으로 개종하게 되고 자신의 기존
체계에 남아 있던 플로지스톤 이론의 흔적을 씻어냅니다. 그리
고 이들과 함께 작업하여 1787년《화학 명명법》을 출간했습니
다. 이 작업을 드모르보가 주도했다는 것은 나머지 세 명의 저
자가 드모르보를 만나기 전까지 명칭 문제에 관련된 활동을 전
혀 하지 않았다는 점에서 유추할 수 있습니다. 라부아지에는
정확한 명칭의 중요성을 인지하고 있었고 몇 가지 용어를 제안
하기도 했지만 전체적인 명명법을 개혁하려는 의도는 없었던
것으로 보입니다.[6] 그럼에도 이들은 의기투합했습니다. 이는 그
들이 드모르보의 개혁 의지에 공감했기 때문이기도 했지만 드
모르보의 명명법 개혁이 라부아지에의 이론을 퍼뜨릴 수 있는
좋은 기회였기 때문입니다. 결국 이들이 함께 모여 만든《화학
명명법》은 드모르보의 명명법과 라부아지에의 이론을 동시에

유럽 전역으로 퍼뜨리는 매개체 역할을 훌륭하게 감당합니다.

화학의 수학화와 화학량론의 등장

한편 화학 혁명의 시기에 무대 뒤편에서 등장한 또 하나의 중요한 개념이 있습니다. 바로 화학량론stoichiometry입니다.[7] 그 발전에 기여한 화학자들을 살펴보면서 정량적 측정의 중요성과 물질의 합성주의가 당시 화학자에게 널리 받아들여졌음을 알 수 있습니다. 앞서 살펴본 베리만도 정량적 측정에 관심이 있었기 때문에 화학 반응 전후의 무게를 기록했고 그 관계를 파악하려고 노력했습니다. 하지만 그 결과는 다소 부정확했죠. 당시 최고의 정확도는 독일 화학자 벤첼Karl Wenzel(1740-1793)이 1777년 발표한 결과에서 발견할 수 있습니다. 그는 금속 혹은 금속회를 산에 반응시키고 그 후 생성된 염의 무게를 측정하여 표로 남겼는데 오늘날의 기준으로 보아도 무척 정확합니다. 기체 화학자였던 블랙이나 캐번디시도 반응 전후 기체의 무게를 측정하여 꽤 정확한 데이터를 기록으로 남깁니다. 라부아지에의 화학 혁명 이전에도 이미 정량적 측정에 대한 공감대가 형성되어 있었음을 알 수 있습니다.

쾨니히스베르크에서 활동한 아마추어 화학자 리히터Jeremias Richter(1762-1807)는 여기에서 한 걸음 더 나아갔고 그것이 바로 화학량론이라는 개념의 창안으로 이어졌습니다. 리히터는 화학

교수 혹은 화학 교사가 되기 위해 노력했지만 결국 꿈을 이룰 수 없었습니다. 그는 광산과 도자기 공장에서 일하면서 조그마한 개인 실험실을 운영했습니다. 평생을 바쳐 리히터가 탐구했던 주제는 화학의 수학화였습니다. 박사 학위 논문 제목이 《화학에서의 수학의 이용De usu matheseos in Chemia》일 정도였죠. 1792-1793년 출판한 《화학량론의 기본 원리Anfangsgründe der Stöchyometrie》에서 화학량론이라는 용어를 처음으로 도입한 그는, 반응물의 무게 사이에는 항상 일정한 비율이 성립한다는 원리에 기반하여 '질량수mass number' 개념을 제시합니다. 그의 측정에 따르면 1000 단위 질량만큼의 염산과 완전히 반응하는 양은 마그네시아MgO 858 단위 질량, 석회CaCO₃ 1107 단위 질량, 암모니아NH₃ 955 단위 질량, 알칼리Na₂CO₃ 1338 단위 질량이었습니다. 따라서 마그네시아 858 단위 질량, 석회 1107 단위 질량, 암모니아 955 단위 질량, 알칼리 1338 단위 질량은 서로 대등하다고 볼 수 있습니다. 이를 가리켜 그는 질량수라고 불렀는데 이는 어떤 물질이 다른 물질과 반응하는 데 필요한 질량인 오늘날의 당량equivalent 개념에 대응합니다. 그는 여기서 멈추지 않고 서로 다른 물질의 질량수 사이의 수학적 규칙성을 찾으려고 시도합니다. 예를 들어 그는 다양한 산의 질량수 사이에 등차수열 관계가 성립한다고 믿었고 이를 수학적으로 증명하기 위해 길고 복잡한 수식을 전개했습니다. 이해가 어려웠기 때문일까요, 리히터의 저작은 큰 관심을 끌지 못했습니다.

이번 장에서는 라부아지에의 이름 아래 가려져 있던 18세기 후반의 화학자들을 소개했습니다. 이들의 연구를 살펴보면 라부아지에의 화학 혁명이 불러온 것으로 보이는 큰 변화가 사실 당시 화학자가 이미 어느 정도 공유한 문제 의식에서 기인한 것임을 알 수 있습니다. 라부아지에의 업적을 무시할 수는 없지만 그렇다고 이 큰 변화가 개인의 능력만으로 일궈낸 변화라고 하기에는 어려운 면이 있다는 것입니다. 19세기에 진입하기 직전 이렇게 화학의 무대가 크게 한번 뒤집혔습니다. 이제 19세기 화학자가 그 위에 올라탈 차례입니다.

4부

원자, 세계의 근본을
설명하는 유구한 도구

10장

세기 초 뜨거웠던 두 논쟁,
이론이란 무엇인가

18세기까지 그 기반을 충실히 닦은 화학은 19세기에 들어서면서 폭발적으로 발전합니다. 그러다 보니 19세기 화학을 정리하는 작업이 쉽지 않습니다. 화학 혁명까지는 그래도 어떻게든 하나의 줄거리를 따라가면서 역사를 정리할 수 있는데 그 이후로는 점차 여러 장소에서 다양한 주제의 연구가 동시다발적으로 진행되어 이를 하나의 흐름으로 정리하는 것이 불가능해지기 때문입니다. 그래서 많은 화학사 책에서 19세기에 들어서면서부터는 어느 정도 시간 순서를 희생하면서라도 주제별로 묶어서 그 역사를 정리하곤 합니다. 이러한 서술은 현대 화학의 여러 주제가 어떻게 발전되어 왔는지 주제별로 흐름을 따라 살펴볼 수 있다는 장점을 가지고 있으나 당시 화학자의 실제 상호 작용을 가린다는 단점도 있습니다. 그래서 저는 이러한 면을 부각하고자 주제보다 시간의 흐름을 따라 화학의 역사를 정리해 보고자 합니다. 이 장의 이야기는 1800년을 전후한 시기의 이야기입니다. 이 시기는 다양한 화학 현상에 관련된 여러 논쟁이 촉발된 시기이고 개중에는 이 시기 안에 결론이 난 논쟁도 있었지만 더 긴 시간을 기다려야 끝나는 논쟁도 있었습니다.

물질은 일정한 비율로 반응하는가

라부아지에 사후 프랑스 화학을 대표하는 인물은 베르톨레 Claude Berthollet(1748-1822)입니다. 베르톨레는 라부아지에의 가까운 동료로 함께《화학 명명법》을 집필한 사이입니다. 그는 정치적 감각이 뛰어난 사람이었습니다. 라부아지에가 사형당한 이후에도 혁명 정부에서 중용되었고, 나폴레옹과도 가까운 사이로 지냈으며, 왕정복고 이후 루이 18세 정부에서도 상원 의원을 역임하며 천수를 누렸습니다. 그는 1799년 파리 근교 아르케이 Arcueil로 이주하여 개인 실험실을 차리고 젊은 화학자를 훈련시켰습니다. 1806년 물리학자 라플라스도 아르케이로 이주하면서 아르케이는 당시의 프랑스 과학을 상징하는 도시가 되었죠. 화학자들은 자주 베르톨레의 집에서 소규모 모임을 가졌고 모임

에서 논의한 내용을 논문으로 출판하기도 했습니다.[1]

베르톨레는 19세기에 들어서면서 화학계를 뜨겁게 달군 논쟁의 주인공입니다. 이 논쟁은 화학 반응의 반응물이 일정한 비율로 결합하는가에 대한 논쟁으로, 일명 '베르톨레-프루스트 논쟁'으로 알려져 있습니다. 그런데 이 논쟁을 다루는 많은 글이 프루스트가 정답을 찾은 반면에 베르톨레는 아집에 사로잡혀 비합리적인 주장에 집착했다는 식으로 표현합니다. 이는 프루스트의 생각이 오늘날의 화학에 더 가깝기 때문입니다만 이러한 평가는 베르톨레에게 다소 불공평한 평가입니다. 베르톨레의 생각은 그렇게 단순하거나 무지하지 않았고 그의 논증은 오늘날의 시각으로 보아도 일리가 있습니다. 프루스트 역시 정답을 대번에 찾은 것이 아니었고 자신의 주장을 다듬는 데 오랜 시간이 걸렸습니다. 그래서 여기서는 베르톨레-프루스트 논쟁을 최대한 당시의 입장에서 살펴보도록 하겠습니다.[2]

프루스트Joseph Proust(1754-1826)는 스페인에서 활동하던 프랑스 화학자로, 1799년 산화 구리에 대한 실험을 기반으로 구리는 산소와 단일한 비율로 결합한다는 결과를 출판합니다. (오늘날의 관점에서는 구리의 산화수가 두 가지 이상 가능하기 때문에 틀린 내용입니다. 이 실험은 탄산 구리에 대한 실험으로도 알려져 있는데 프루스트는 탄산 구리를 먼저 얻고 이를 가열하여 산화 구리를 얻었기 때문에 두 가지 설명 모두 맞다고 할 수 있습니다.) 그는 자연에서 발견되는 산화 구리와 자신이 실험실에서 합성한 산화 구리를 비교하여 각 화합물 내에서 산소와 구리의 질량비는 동일하다는 것을 보였습니다. 이는 놀라운 결과가 아니었습니다. 화학 반응에서 반응물이 일정한 비율로 반응한다는 생각은 18세기 말의 화학자에게 일반적인 생각이었고 지난 장에서 살펴본 것처럼 당량 개념도 널리 퍼져 있었습니다. 종종 프루스트가 화합물을 구성하는 원소들의 질량비가 일정하다는 '일정 성분비의 법칙'을 최초로 주장했다는 이야기가 나오는데 이는 역사적으로 오류입니다. 프루스트는 당시 화학계가 널리 받아들인 가정을 열정적으로 변호한 사람으로 보는 것이 좀 더 정확한 평가일 것입니다.

안타깝게도 실제로 많은 금속 화합물은 단일한 성분비로 반응하지 않습니다. 이러한 사실은 10년 전 라부아지에도 알았던 사실이었고 프루스트 역시 그 사실을 금방 깨닫습니다. 프루스트는 1801년 금속 황화물에 관한 논문에서 자연에서 발견되는 황화 철, 황화 구리 등의 성분비가 여러 가지임을 보고합니다. 그리고 실험실에서와는 달리 자연에서는 자연의 특별한 힘 때문에 과량의 황이 함유될 수도 있다는 다소 불만족스러운 설명을 남깁니다. 그는 혹시 자신이 실험을 잘못한 것은 아닌지 계속해서 의심했고 반복된 실험 끝에 실험실에서도 자연에서처럼 두 가지 비율로 구성된 금속 황화물을 만드는 데 성공합니다. 프루스트는 1802년 이 결과를 출판하면서 화학 반응에서 반응물은 고정된 비율로 반응하지만 그 비율이 여러 가지일 수 있다는 결론을 내립니다.

이제 베르톨레가 링 위에 등장할 차례입니다. 그는 1803년 《화학 정역학론Essai de Statique Chimique》을 출판합니다. 이 책은 화학 전반에 대한 이론 체계를 제공하려는 목적으로 쓰인 책이었고 19세기 초반 화학계에 큰 영향력을 행사했습니다. 베르톨레는 이 책에서 당시 널리 퍼져 있던 친화도 이론을 비판적으로 검토합니다. 이 이론에 따르면 두 물질이 반응하여 새로운 물질을 만든다면 그 둘 사이의 친화도가 결정되어 있기 때문에 두 물질은 항상 동일한 비율로 반응해야 합니다. 그런데 이미 그 당시에도 압력이나 온도 등 실험 조건에 따라 반응비가 달라질 수 있다는 것이 알려져 있었습니다. 예를 들어 한 세대 전 라부아지에(1786년)나 베리만(1779-88년) 등이 이미 친화도가 온도에 따라 어떻게 달라지는지 실험하여 그 결과를 보고한 바 있었습니다. 이로부터 베르톨레는 친화도는 물질마다 정해진 불변의 양이 아니라 실험 조건에 의존하는 상대적인 양이라는 결론을 내립니다.

그는 친화도를 보다 근본적인 수준에서 설명하기 위해 물질을 구성하는 기본 입자를 가정하고 그 입자 사이의 화학적 친화력은 입자의 종류에 따라 달라지며 그 모든 친화력이 완벽하게 평형을 이루는 조건이 물질이 안정하게 존재하는 조건이라는 이론을 수립합니다. 어떤 독자들에게는 돌턴 이전에 기본 입자를 가정했다는 것이 놀랍게 보일 수 있겠지만 사실 기본 입자라는 개념은 뉴턴 이후 과학자들에게 보편적인 개념이었습니다. 비록 물리학에서처럼 방정식을 풀어 완벽하게 해를 구한 것은 아니지만 베르톨레는 이러한 상황에서 생성물이 안정해지는 조건은 단 하나가 아닐 수 있다고 주장합니다. 반응물의 종류뿐 아니라 반응물의 양, 계의 부피 등이 안정한 조건에 영향을 줄 수 있겠죠. 이 당시에도 기체의 경우 온도가 올라가면 부피가 커지고 온도가 떨어지면 부피가 작아진다는 것이 알려져 있었고 온도에 따른 상 전이 현상 역시 잘 알려져 있었습니다. 베르톨레는 자신의 이론을 적용하여 왜 일반적으로 기체의 반응성이 고체의 반응성보다 높은지를 설명했습니다. 기체는 입자 사이의 거리가 먼 상태이므로 서로 화학적 친화력이 강하게 작용하지 않는 반면에 고체는 입자들이 화학적 친화력으로 꽁꽁 뭉쳐 있습니다. 고체 상태의 입자들을 반응시키기 위해서는 이 친화력을 끊어 내야 하므로 고체를 반응시키기가 더 어려운 것이죠. 이렇게 보면 베르톨레의 이론이 오늘날의 화학적 이해와 크게 다르지 않은 것을 볼 수 있습니다.

베르톨레의 이론을 따라가다 보면 반응물이 반드시 일정한 비율로 반응할 필요가 없다는 결론을 얻게 됩니다. 반응물의 양조차도 반응비에 영향을 준다면 반응비가 하나의 숫자로 나오는 것이 더 이상하겠죠. 베르톨레는 반응비가 최솟값과 최댓값 사이의 임의의 값을 가질 수 있으며 이 값은 반응물의 양을 비롯한 여러 실험 조건에 의존한다고 보았습니다. 여기서 최솟값은 두 반응물이 결합하기 위해 필요한 최소한의 양에 대응하고 최댓값은 결합이 더 이상 만들어지지 않는 포화 상태에 대응합니다.

그렇다면 실험적으로 일정한 성분비가 관찰되는 이유는 무엇일까요? 베르톨레도 이 명백한 실험적 사실을 부인하지 않았습니다. 그는 여기에 대해 두 가지 이유를 제시합니다. 먼저 실험 기법의 오차 때문에 성분비가 일정한 것처럼 보이는 경우가 있을 수 있고, 두 번째로는 반응 조건이 특수한 경우에 일정한 성분비가 관찰될 수 있다고 했습니다. 예를 들어 당시에도 수소 기체와 산소 기체가 2:1의 부피비로 반응하여 액체 물을 만들어 낸다는 사실이 알려져 있었는데 베르톨레는 이 반응이 특수한 상황이라고 보았습니다. 기체가 액체로 응축되면서 부피가 크게 변하기 때문에 생성물이 가질 수 있는 안정적인 구조가 매우 제한적이고 그 구조를 만들 수 있는 부피비는 2:1 밖에 없다는 것이었죠. 베르톨레는 여기에 더하여 실제로 성분비가 고정되어 있지 않은 다른 예들(대표적으로 금속 산화물)을 제시하며 자신의 주장을 뒷받침합니다.

베르톨레는 프루스트의 연구를 잘 알고 있었습니다.《화학 정역학론》에서도 프루스트에 대한 반박이 등장합니다. 그중 중요한 논점은 금속 황화물에 관한 것이었습니다. 황화 구리는 일정한 비율의 구리를 포함한 것처럼 보이지만 황철석pyrite에 포함된 구리의 비율은 제멋대로였습니다. 베르톨레의 이론에 따르면 '화합물'과 '혼합물'은 명확히 구분되는 존재가 아니기에 두 상황을 구분할 수 없었습니다. 프루스트는 1804년 반박 논문을 써서 화합물과 혼합물은 실험적으로 구분할 수 있다고 답합니다. 혼합물은 쉽게 분리되는 반면 화합물을 그 구성 성분으로 분리하기 위해서는 훨씬 까다로운 작업이 필요하죠. 베르톨레는 이러한 답변에 만족하지 못했고 더 체계적인 반론을 준비하여 발표합니다. (당시에는 '분자' 개념이 없었다는 것을 기억해야 합니다. 분자 개념 없이 화합물과 혼합물을 개념적으로 구분하기는 쉬운 일이 아니죠.) 이 둘 사이의 논쟁은 1807년까지 계속되었고 어느 한쪽도 패배를 인정하지 않은 채 끝나버립니다.

이후 화학계는 프루스트의 손을 들어 주었습니다. 그런데 이것은 프루스트가 더 설득력이 있었기 때문이라기보다는, 이미 학계에 일정 성분비에 대한 개념이 널리 받아들여지고 있었기 때문이라고 보는 것이 옳습니다. 한편 이 논쟁을 거치면서 화학계가 얻은 것은 이론과 실험 사이의 관계에 대한 고민이라고 할 수 있습니다. 베르톨레는 매력적인 이론 체계를 제시했고 그 체계에 기반하여 실험 결과를 설명했습니다. 비록 반응의 비율에 관해서는 결국 프루스트의 설명이 채택되었지만 베르톨레의 이론 체계 역시 많은 인기를 끌었습니다. 보편적인 이론에 대한 관심이 점차 커지고 있었던 것입니다.

수소와 산소의 거리 문제

이번 장에서 살펴볼 두 번째 주제는 물의 전기 분해입니다.[3] 18세기에도 전기의 존재는 알려져 있었지만 정전기의 형태로만 다룰 수 있었습니다. 화학에서도 정전기 스파크를 이용해 수소와 산소로 물을 만드는 등 실험에 조금씩 응용하고 있었죠.[4] 그러던 중 1800년, 이탈리아 물리학자인 알레산드로 볼타Alessandro Volta(1745-1827)가 서로 다른 금속판을 번갈아 쌓아 올린 후 소금물에 적신 천을 두르면 전류가 흐른다는 사실을 보고했습니다. 이 사실이 영국에 전해지자마자 니컬슨William Nicholson(1753-1815)과 칼라일Anthony Carlisle(1768-1840)이 이 장치를 이용하여 물을 수소 기체와 산소 기체로 분해하는 데 성공합니다. 실험은 단순했지만 결과는 놀라웠습니다. 이 성공에 고무되어 전문 화학자나 아마추어 화학자 할 것 없이 전기 실험에 달려들었죠.

그런데 이 단순한 전기 분해 실험에는 큰 문제가 있었습니다. 언뜻 이 실험 덕분에 물이 수소와 산소로 구성되어 있다는 것이 실험적으로 완벽하게 증명되었다고 생각할 수 있지만 수소 기체는 양극, 산소 기체는 음극에서 발생한다는 점이 문제였습니다. 하나의 물 입자에서 수소와 산소 입자가 생성되는 것이라면 어떻게 이들은 먼 거리를 사이에 두고 만들어지는 것일까요? 당시 과학자들은 이 문제를 해결하기 위해 다양한 설명을 제시했습니다. 물이 화합물이 아니라 원소라는 반동적인(!) 가설이 그중 하나였습니다. 독일의 화학자 요한 리터Johann Ritter(1776-1810)는 양극에서는 양전기가 물과 결합하여 산소가 생성되고, 음극에서는 음전기가 물과 결합하여 수소가 생성되는 것이라는 합성 이론을 제안했습니다. 플로지스톤 이론의 거두 프리스틀리 역시 관련 논문을 읽고 스스로 연구를 진행하여 1802년 자신의 실험 결과를 발표하면서 음전기와 플로지스톤이 연결되어 있고 양전기가 산소와 연결되어 있다는 가설을 제시했죠. 예상할 수 있듯이 라부아지에가 승리한 세상에서 이러한 견해는 소수 견해였고 결국 무대에서 사라집니다.

프랑스에서는 유명한 박물학자 조르주 퀴비에Georges Cuvier (1769-1832)에게 볼타 전지 관련 현상을 연구하도록 했습니다. 퀴비에는 이 문제에 대해 합성 이론 외에도 가능한 설명을 조사하여 보고합니다. 그중에는 전기 분해의 결과로 각 전극의 주변에서 입자가 비대칭적으로 존재하게 된다는 설명과, 전기가 물속에 들어가면 바로 분해가 일어나지만 한 종류의 입자만 즉시 방출되고 나머지 입자는 전류와 함께 흘러가서 반대쪽 극에서 방출된다는 설명이 있었습니다. 어느 설명도 만족스럽지 않았던 차에 독일의 화학자 테오도어 그로투스Theodor Grotthuss(1785-1822)가 1806년 수소와 산소로 이루어진 물 입자가 물속에서 보이지 않는 사슬을 이뤄 양쪽 극을 연결한다는 가설을 제시합니다. 전기가 흐르면 한쪽 극에서 수소가 발생하고 짝을 잃은 물 입자는 반대편 수소 입자를 사로잡습니다. 이 과정은 반대쪽 극까지 이어지고 결국 혼자 남은 산소는 반대쪽 극에서 기체 형태로 방출되겠죠. 이 가설은 큰 인기를 끌었지만 정답의 위치에 오르지는 못했습니다. (이 가설의 변형된 버전이 오늘날 '그로투스 메커니즘'이라는 이름으로 물속의 빠른 전하 수송을 설명하는데 사용됩니다.)

당시 화학자는 전기가 무엇인지 정확히 몰랐고 전기가 물질에 어떤 작용을 하는지도 몰랐습니다. 따라서 정답을 못 찾았다는 것이 이상한 일은 아닙니다. (사실 이 문제는 19세기 말 아레니

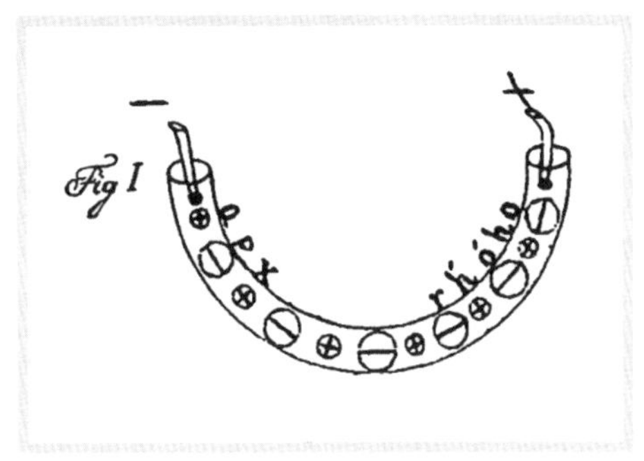

그림 10.1 물에서 생성되는 수소와 산소의 거리 문제를 설명하는 그로투스의 사슬 모형. o는 산소, h는 수소를 의미한다.

우스의 이온 이론이 등장해서야 설명이 가능해집니다.) 여기서 재미있는 것은 화학자들은 전기의 작용에 관한 여러 가지 설명 중에 만족할 만한 설명을 찾아내지 못했음에도 여전히 전기를 이용하여 다양한 실험을 수행했다는 것입니다. 심지어 19세기를 거치면서 전기화학은 화학의 주요 방법론으로 자리매김하게 됩니다. 이는 당시 화학자들의 실용주의적 태도를 보여 줍니다.

이번 장에서는 1800년을 전후한 두 가지 논쟁, 베르톨레-프루스트 논쟁과 물의 전기 분해 논쟁을 살펴보았습니다. 이 두 가지 논쟁은 화학에서 '이론'의 위치에 대해 한 번 더 생각해 볼 기회를 줍니다. 전기 분해 논쟁은 애초에 이론을 만들 수 있는 근본 개념조차 확실하지 않은 새로운 분야에서 벌어졌기에 다양한 이론이 튀어나와 각축을 벌였고 어느 하나가 정답으로 정해지지 못했습니다. 그리고 결론이 나지 않았음에도 화학자들은 전기 현상을 활용하여 연구를 계속 진행했습니다. 이는 일관되고 논리적인 철학 체계를 만드는 것보다 실제 자연을 조작하는 것을 중요하게 여긴 연금술사들의 태도와 유사한 점이 있습니다.

반면 베르톨레-프루스트 논쟁은 화학자들이 계속해서 탐구해 온 분야에서 진행되었고 이내 결론이 내려졌습니다. 어느 쪽이 정답이냐를 따지는 것보다 이 논쟁이 19세기 화학자가 갖고 있던 두 가지 입장을 잘 보여 준다는 것이 중요합니다. 베르톨레는 완벽한 이론에 기반하여 화학 현상을 설명해야 한다고 생각했습니다. 프루스트는 그런 거창한 이론을 만들기보다는 실험 결과에 기반한 건조한 설명을 제시하는 사람이었습니다. 이는 과거의 연금술에서도 나타나던 두 가지 입장이라 할 수 있습니다. 베르톨레의 이론은 결국 받아들여지지 않았지만 그가 그린 아름다운 화학 이론은 동시대를 살아가던 영국의 한 물리학자에 의해 제시됩니다. 바로 다음 장의 주인공인 존 돌턴John Dalton(1766-1844)입니다.

11장

돌턴의 원자설,
이미 도착해 있던 근대 화학

물리학자 리처드 파인만Richard Feynman(1918-1988)은《파인만의 물리학 강의The Feynman Lectures on Physics》에서 현대 과학에서 가장 중요한 개념은 원자 개념이라는 말을 남겼습니다.[1] 오늘날의 이해에 따르면 모든 물질은 원자라는 작은 입자로 구성되어 있고 그 입자들이 어떻게 결합하느냐에 따라 물질의 형태와 성질이 달라지게 됩니다. 원자 개념은 현대 화학의 기초에 자리 잡고 있기에 이 개념이 사라진다면 화학은 기초에서부터 무너져버릴 것입니다. 물리학도 마찬가지입니다. 원자의 구조와 성질을 설명하기 위해 양자역학이 발전해 왔고 물질을 다루는 물리학은 원자 개념 없이 성립될 수 없습니다. 현대 생물학 또한 생명체를 구성하는 물질을 원자 수준에서부터 이해하는 분자생물학과 생화학을 그 대들보로 삼고 있습니다. 그만큼 원자 개념은 현대 과학에서 핵심적인 개념이라 할 수 있겠습니다. 그렇다면 이 근대적인 원자 개념은 누가 처음으로 떠올렸을까요?

존 돌턴은 근대 원자설을 처음 제시한 화학자로 잘 알려져 있습니다. 그래서 돌턴의 이름은 중고등학교 화학 시간에도, 대학교 일반화학 시간에도 자주 언급됩니다. 제가 확인할 수 있는 일반화학 교재는 전부 입을 모아 돌턴이 최초로 근대 원자설을 제시했으며 그 내용은 대략 다음과 같다고 설명합니다. (1) 물질은 나눌 수 없는 원자로 이루어져 있다. (2) 어떤 주어진 원소를 이루는 원자들은 질량과 다른 모든 성질이 똑같다. (3) 서로 다른 화학 원소는 서로 다른 원자로 이루어져 있고 그 다른 원자들은 질량이 다르다. (4) 원자는 파괴되지 않으며 화학 반응 중에도 그 주체는 보전된다. (5) 원소의 원자는 서로 정수비로 결합하여 화합물을 만든다.[2] 그래서 우리는 돌턴이 원자라는 개념을 근대 화학자 중에서 최초로 떠올렸다고 생각하기 쉽습니다. 이러한 설명은 역사적으로 얼마나 정확한 설명일까요? 이번 장에서는 돌턴 당시의 역사적 맥락을 고려하여 돌턴의 작업을 다시 한번 평가해 보도록 하겠습니다.[3]

낯설지 않은 원자

사실 원자라는 개념은 18세기 말의 과학자에게 낯선 개념이 아니었습니다. 뉴턴이 《광학》에서 "모든 물체는 단단한 입자로 구성되어 있는 것처럼 보인다"라고 선언한 이래, 뉴턴의 전통을 충실히 따른 물리학자들은 단위 입자의 개념을 도입하여 여러 물질의 성질을 설명하려고 시도했습니다. 뉴턴 자신이 기체 입자 사이의 반발력이 입자 간 거리에 반비례한다면 압력과 부피는 반비례한다는 것(보일의 법칙)을 증명한 바 있었고 이에 따라 18세기 물리학자가 바라보는 기체는 눈에 보이지 않는 작은 입자가 서로 밀어내고 있는 물질이었습니다. 뉴턴의 기본 입자 개념은 화학자에게도 깊은 영향을 주었습니다. 다만 화학자에게는 친화력이라는 다른 전통도 있었기에 두 개념을 잘 조화하는 것이 어려운 문제였죠. 개별 입자에 작용하는 친화력을 수식으로 써내려고 하는 시도는 전부 실패로 돌아갔고 친화력과 척력이 단위 입자에 각기 어떻게 작용하는지는 여전히 수수께끼였습니다. 그러나 두 종류의 입자가 서로 친화력으로 들러붙어 새로운 단위 입자를 만든다는 사실은 당시 화학자에게 익숙한 생각이었습니다. 그래서 지난 장에서 살펴본 베르톨레 같은 사람은 화학적 친화력과 척력의 평형을 통해 화학 반응을 이해하고자 했고 수식을 사용하는 대신 적당한 정성적 설명으로 이 현상을 설명하고자 했습니다.

이 단위 입자는 18세기 당시에 이미 우리에게 익숙한 이름으로 불리고 있었습니다. 영어로는 이 입자를 'atom(오늘날 원자로 번역)'이라 불렀고 프랑스어로는 이 입자를 'molécule(오늘날 분자로 번역)'이라 불렀죠. 이 두 단어는 당시에 동의어였던 것입니다! 그래서 예를 들어 라부아지에의 저작에 나온 "물질을 구성하는 원자" 즉, "**molécules**… qui composent les corps"라는 문장은 영어 번역에서 "**atoms** of which matter is composed"로 번역되었습니다.[4] 심지어 원자-분자 개념에 큰 기여를 한 돌턴과 아보가드로Amadeo Avogadro(1776-1856) 같은 사람도 두 단어를 혼용했고 현재처럼 두 단어를 명확하게 구분해서 쓰기까지는 몇십 년이 걸렸습니다.[5] 이 장에서는 혼동을 막기 위해 이 단위 입자를 그냥 '입자'라는 용어로 통일해서 부르겠습니다.

기체의 구성 원리에서 원자설로

돌턴은 영국 컴벌랜드 지역의 가난한 퀘이커 집안에서 태어났습니다. 그는 열 살 즈음부터 가정 교사를 하면서 돈을 벌어야 했고 15살이 되어 지역의 퀘이커 학교에 들어가 공부하는 한편 조교로 일했습니다. 몇 년이 지나 돌턴은 그 학교의 교장이 되었고 교장 일을 보면서 스스로 과학을 공부했습니다. 돌턴이 활동한 퀘이커 커뮤니티는 학문, 특히 수학과 자연 철학(물리학)에 큰 가치를 두는 문화를 가지고 있었습니다. 돌턴은 이러한 배경 속에서 기상학과 기체 물리학에 관심을 갖게 됩니다. (이 당시의 돌턴은 화학에는 크게 관심이 없었습니다.) 돌턴의 첫 번째 저서는 1793년 발행된 《기상학적 관찰과 소논문 Meteorological Observations and Essays》으로, 본인이 관찰한 기상학적 현상을 보고했으며 또한 스스로 다양한 기체를 가지고 실험한 내용을 기반으로 여러 현상을 설명합니다. 돌턴은 뉴턴 역학의 전통을 따라 기체를 서로 반발하는 단위 입자로 구성된 것으로 보았고 이를 이용해 기체의 성질을 설명했습니다.

1793년부터 돌턴은 맨체스터의 비국교도 학교에서 수학과 자연철학을 가르치는 교수로 일하기 시작했습니다. 그는 수학과 자연철학, 화학을 가르쳐야 했고 그러면서 최신 화학 문헌을 접할 수 있었던 것으로 보입니다. 그러나 여전히 돌턴의 관심사는 기체 분자의 움직임을 설명하는 것이었습니다. 그는 1799년 연구할 시간을 얻기 위해 교수 자리를 내려놓고 기체에 대한 실험을 본격적으로 수행합니다. (생계를 위해서는 개인 교사로 일했습니다.) 그의 연구에는 좋은 조언자가 있었는데 바로 맨체스터에서 사귄 친구인 윌리엄 헨리 William Henry (1774-1836)였습니다. 헨리는 에든버러에서 의학을 공부하던 중 기체 화학자 조지프 블랙의 수업을 듣고 화학에 관심을 갖게 되었고 이후 기체화학을 연구하고 있었습니다.

돌턴은 자신의 기체 연구를 종합하여 1801년 논문으로 공개합니다. 이 논문에서 돌턴은 현재 '돌턴의 부분 압력 법칙'으로 알려진 법칙을 처음으로 발표하죠. "두 종류의 기체가 섞여 있을 때 각 기체 입자 사이에는 상호 반발력이 존재하지 않는다. (……) 그 결과 각 입자에 가해지는 압력 혹은 무게는 오직 자기 자신과 같은 입자에서 기인하는 것뿐이다." 여기서 주목할 점은 돌턴의 압력 개념이 오늘날과 조금 달랐다는 것입니다. 돌턴은 뉴턴이 제시한 개념을 기반으로 기체의 압력을 이해했고 기체 입자가 서로 반발하고 있기 때문에 압력이 발생한다고 생각했습니다. 그런데 두 종류의 기체 입자를 섞었을 때 그것들 사이에 서로 반발력이 존재한다면 같은 종류의 입자 간 압력에 더하여 상호 반발력으로 인한 압력까지 발생하게 됩니다. 이는 실험 결과에서 벗어나는 것처럼 보였기 때문에 돌턴은 다른 종류의 기체 입자끼리는 반발하지 않는다고 설명한 것입니다.

돌턴의 논문은 영국 과학계에서 큰 흥미를 끌었습니다. 험프리 데이비Humphry Davy(1778-1829), 토머스 톰슨Thomas Thomson(1773-1852) 등 젊은 화학자가 돌턴의 논문을 열심히 읽었고 또한 비판했습니다. 돌턴은 순수하게 뉴턴의 전통을 따라 반발력만 가지고 기체의 성질을 설명했죠. 화학자들은 이러한 설명을 받아들일 수 없었습니다. 분명히 입자 사이에는 친화력이라는 특별한 인력이 존재하는 것 같은데 어떻게 반발력만 가지고 입자의 성질을 설명한다는 말입니까? 심지어 친구인 헨리조차 돌턴의 이론에 동의할 수 없었습니다.

돌턴은 이 공격을 막아내기 위해 이산화 탄소의 용해 과정을 연구했고 1802년 기체가 화학적 친화력이 아니라 기체의 압력에 의해 물에 용해된다는 관찰 결과를 발표합니다. 헨리는 이 결과에 자극을 받아 용해 과정에 대한 실험을 수행했고 돌턴이 찾지 못한 법칙을 찾아낼 수 있었습니다. "기체가 두 배, 세 배로 압축되면 일반적인 대기압에서 용해되는 부피의 두 배, 세 배가 용해된다." 오늘날의 용어로 하자면 증기압과 용해도가 비례한다는 법칙으로, 오늘날 '헨리의 법칙'으로 알려진 법칙입니다.[6] 돌턴은 이 결과에 크게 기뻐하며 이것이 기체 입자가 화학적 친화력과 상관없이 물에 용해된다는 방증이라고 여겼습니다. 헨리 역시 그 설명에 설득되었습니다.

하지만 돌턴 스스로가 자신의 설명에 100% 만족할 수 없었습니다. 동일한 압력에서도 기체의 종류에 따라 용해도가 달라졌기 때문입니다. 고민하던 돌턴은 입자의 '상대적 무게'에 따라 서로 다른 반발력이 작용하는 것이 아닌가 하는 생각에 도달하게 됩니다. 돌턴은 1803년부터 실험적으로 이 무게를 결정하려고 시도했고 이 시기부터 여러 기본 입자가 결합해서 만들어진 입자가 존재한다는 가설(이하 원자설)을 탐구하기 시작했습니다. 그래서 어떤 사람들은 돌턴의 원자설이 최초로 그의 연구 노트에 등장하는 1803년 9월 6일을 근대 원자설의 탄생일로 보기도 합니다. 하지만 여전히 돌턴의 주된 관심사는 사방에서 끊임없이 밀려오는 공격에서 자신의 기체 이론을 방어하는 것이었습니다. 당시 화학계에서 헨리를 제외한 모든 화학자는 돌턴의 이론을 의심스럽게 생각했고 논문과 책으로 날카로운 비판을 날리고 있었습니다. 돌턴은 기체 이론을 변호하는 글을 바쁘게 쓰는 짬짬이 원자설에 대한 연구를 수행했죠.

화학 철학의 새 체계

1805년 돌턴은 자신의 기체 이론을 개정하는 데 성공합니다. 그는 서로 다른 종류의 기체 입자가 서로 다른 크기를 가지고 있다고 가정하고 수소 입자의 크기를 기준으로 여러 입자의 크기를 표로 만들어 보았습니다. 이렇게 되면 서로 다른 기체 입자가 다른 성질을 갖는 것을 설명할 수 있습니다. 이후 돌턴은 입자의 '무게'와 '크기'라는 개념을 두고 많은 고민을 합니다. 이를 어떻게 측정할 수 있을까요? 그의 이러한 고민은 몇 년간 숙성되어 마침내 1808년 발간된《화학 철학의 새 체계New System of Chemical Philosophy》에서 완성된 답을 주게 됩니다.

사실《화학 철학의 새 체계》는 원자설에 관한 책이 아닙니다.[7] 1부(1808년 발간)의 대부분은 열의 효과와 기체, 액체, 고체의 성질을 다루고 2부(1810년 발간)에서는 무기 화합물에 대한 설명을 수록하고 있습니다. 원자설은 1부 마지막에 '화학적 합성에 관하여On Chemical Synthesis'라는 장에 간신히 등장합니다.[8] 그것도 우리가 화학 교과서에서 보는 식으로 깔끔하게 정리된 설명이 아니라 어떻게 단순 입자(원자)가 조합되어 복합 입자(분자)를 만들어 내는지, 어떻게 그 원리를 이용해 단순 입자의 무게를 결정할 수 있는지에 대한 논의입니다. 당시의 화학 지식으로는 두 물질이 반응할 때 그 단위 입자들이 어떤 비율로 반응하는지는 알 수 없었기 때문에 돌턴은 가장 단순한 비율을 가정합니다. 예를 들어 물 입자는 수소 입자와 산소 입자가 1:1

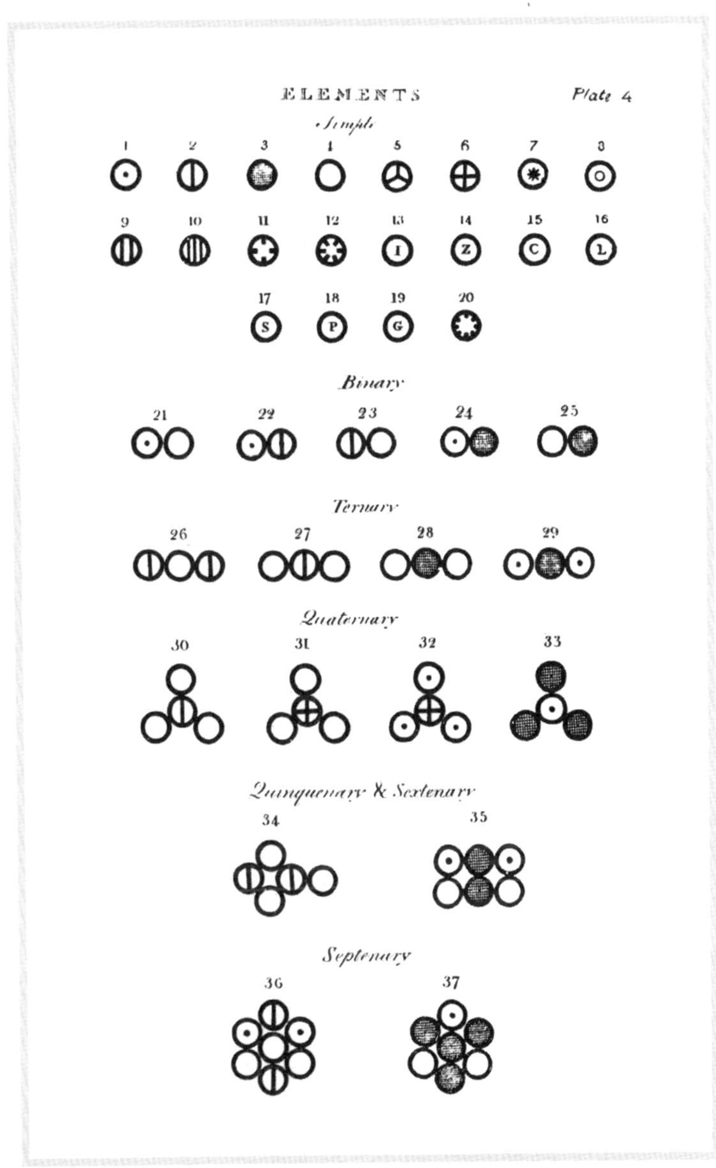

그림 11.1 《화학 철학의 새 체계》에 나오는 원소 기호와 결합 모형. 1번은 수소 입자, 4번은 산소 입자를 가리키고 21번은 이들이 1:1로 결합한 물 입자를 의미한다.

의 비율로 결합하여 만들어지고 암모니아 입자는 수소 입자와 질소 입자가 1:1의 비율로 결합하여 만들어진다는 것이었죠. 물의 조성이 산소 약 85%와 수소 약 15%라는 것을 밝혀 놓았으니 해당 비율을 적용하면 산소 입자와 수소 입자의 무게비는 약 6:1이 됩니다. 이 '단순한 비율 가정'이 우리에게는 어색하게 보일 수 있지만 돌턴에게는 자연스러운 것이었습니다. 같은 종류의 기체 입자는 서로 반발하는 성질을 가지고 있기 때문에 같은 종류의 입자가 서로 결합하는 상황은 최소한으로 만드는 것이 유리할 테니까요.

《화학 철학의 새 체계》는 즉각 많은 관심을 끌었습니다. 그런데 우리의 상상과 달리 이 책이 원자 개념을 처음으로 제시했기 때문에 관심을 끌었던 게 아니었습니다. 앞서 설명한 바와 같이 당시 화학자들은 이미 물질이 단위 입자로 구성되어 있고 동일한 종류의 단위 입자는 동일한 성질을 가지고 있다는 데 동의할 뿐 아니라 단순 입자가 결합하여 복합 입자를 이룬다는 그림도 가지고 있었습니다. 심지어 지난 장에서 살펴본 것처럼 일정 성분비의 법칙도 널리 받아들여지고 있었습니다. 따라서 우리가 일반화학 시간에 배우는 돌턴의 원자설은 사실 19세기 초 화학자에게는 당연한 이야기였던 것이죠. 돌턴의 창의적인 기여는, 최대로 단순한 결합비라는 (지금의 눈으로 보면 틀린) 가정을 도입하여 각 단순 입자의 원자량을 상대적으로 결정할 수 있다는 것을 보인 데에 있었습니다. 데이비는 이렇게 평가했습니다. "돌턴 씨가 원자들을 배치하고 결합하고 저울질

하고 측정하고 계산한 창의성과 재능을 칭송하지 않는 것은 불가능하다."[9]

어쩌면 돌턴은 본질적으로 화학자가 아니었기 때문에 이런 대담한 시도를 할 수 있었는지도 모릅니다. 당시 화학자들은 화학 원소의 수가 점차 늘어나는 것을 지켜보면서(1812년에 이르면 약 33개) 진정한 단위 입자가 존재할 수 있는가에 대한 의구심을 품고 있었습니다. 또한 원자설이 쓸모 있는 화학 이론이 되려면 단위 입자 사이의 반응비를 정확히 알고 있어야 합니다. 당시에 알려져 있던 것은 당량뿐이었습니다. 반응비를 알 수 없다면 어떻게 정확한 원자량을 구할 수 있을까요? 따라서 그 어떤 화학자도 돌턴과 같은 시도를 감행하지 못했습니다. 돌턴은 일반적인 화학자라면 상상하지 못할 과감한 시도로 이러한 문제를 돌파해 버렸던 것입니다.

이번 장을 마치기 전에 돌턴에 관한 논쟁을 한 가지 소개하고자 합니다. 과학사학계에서는 돌턴이 정확히 어디에서 원자설의 아이디어를 얻었는가를 두고 오랫동안 논쟁을 해왔습니다.[10] 돌턴 자신이 세 가지의 기원을 언급하고 돌턴의 주위 사람도 여러 가지 기원을 제시하는데 그 기원이 서로 상충한다는 문제가 있습니다. 또한 돌턴의 논문은 돌턴이 서기로 있던 학회에 몇 년간 비공개 상태로 보관되어 있었습니다. 그 이야기는 공개되기 전까지 돌턴이 그 내용을 수정하는 게 가능했다는 의미가 됩니다. 따라서 사료끼리 서로 충돌하는 경우 어느 것을 받아들여야 할지 판단하기 어렵죠. 여전히 이 문제는 깔끔하게 해결되지 않았고, 여러 사람이 계속해서 새로운 사료를 들이밀면서 새로운 기원을 제시하고 있습니다.[11] 이 논쟁이 끝나지 않는 것은, 근대 화학의 주춧돌 중 하나인 원자설의 뿌리를 정확히 밝혀낸다는 게 매력적인 작업이기 때문인지도 모르겠습니다.

12장

원자설은 모든 화학자를 설득했는가

이전 장에서 우리는 19세기 당시 돌턴의 원자설이 어떤 맥락에서 만들어졌고 어떤 맥락에서 수용되었는지 살펴보았습니다. 돌턴은 기체와 대기를 연구하는 뉴턴주의자로서 기체의 성질을 설명하기 위해 기체 입자를 도입했고 그 과정에서 다소 과감한 가정을 통해 원자설을 형식화했습니다. 당시 화학자는 단위 입자의 개념과 일정 성분비의 법칙에 익숙한 사람들이었지만 그럼에도 돌턴의 원자설은 유럽 화학계에 큰 충격을 주었습니다. 바로 그 단위 입자의 질량을 결정할 수 있다는 점 때문이었습니다. 이번 장에서는 《화학 철학의 새 체계》 직후 약 5년 동안 화학계가 이 원자설을 어떻게 수용하고 발전시켜 나갔는지 살펴보도록 하겠습니다. 돌턴이 '단순 입자'와 '복합 입자'를 정의하면서 '원자'와 '분자' 개념이 구분되었으므로, 이번 장부터는 오늘날의 의미와 동일하게 '원자'와 '분자'라는 용어를 사용하겠습니다.

원자의 질량 결정하기

돌턴의 원자설이 발표될 즈음 원자 개념은 물리학계와 화학계에서 다소 다른 의미로 사용되고 있었습니다. 물리학계에서는 '물질을 구성하는, 더 이상 쪼갤 수 없는 기본 입자'를 원자라고 불렀습니다. 물리학자는 이 입자가 기계적으로 움직임으로써 세상이 돌아가고 있다고 믿었고 보통 단일한 종류의 입자를 상상했습니다. 반면 화학계에서는 '분자를 구성하는 단위 입자'를 원자라고 보았고 다양한 종류가 존재할 수 있다고 보았죠. 돌턴의 원자설은 이 두 가지 정의를 하나로 합친 것이었습니다. (지금 우리의 원자 개념은 돌턴의 원자 개념과 유사하기 때문에 이 대목에서 이상함을 느끼지 못할 수도 있겠습니다만 두 개념을 엄밀하게 구분하던 당시 사람들에게는 혼동을 주었습니다. 그 결과 19세기 내내 원자 개념을 둘러싼 논쟁이 이어집니다.) 돌턴의 관심사는 바로 그 물리적인 실체로서의 원자가 얼마의 무게를 갖느냐였습니다. 그러기 위해 사용할 수 있는 실험 데이터는 당량 데이터였죠. 18세기 말 리히터가 동일한 양의 산에 반응하는 염기의 양을 종류별로 조사해서 발표한 이래 많은 화학자가 두 물질이 반응할 때는 항상 그 질량비가 일정하게 유지된다고 생각했습니다. (베르톨레-프루스트 논쟁의 핵심이 바로 그 질량비가 일정하냐는 것이었죠.) 만약 그렇다면 그 비율에서 원자의 질량도 결정할 수 있을 것입니다.

당량에서 원자량을 계산하기 위해서는 분자를 이루는 원자의 비율을 알아야 합니다. 그래서 돌턴의 원자설에는 '최대 단순성 규칙'이라는 것이 포함되어 있었습니다. 기체 원자들은 분자를 구성할 때 최소한의 비율로 결합한다는 것이었죠. 그 당시에도 일산화 탄소와 이산화 탄소처럼 동일한 원소가 다른 비율로 결합하는 예가 알려져 있었기 때문에 돌턴은 당시 알려진 화합물을 전부 조사하여 그중 비율이 가장 작은 화합물이 1:1로 결합하여 만들어졌다고 가정했습니다. 이 규칙에 따르면 물은 산소 원자 하나와 수소 원자 하나로 구성되고(아직 과산화수소가 발견되기 이전입니다), 암모니아는 질소 원자 하나와 수소 원자 하나로 구성되며, 이산화 탄소는 탄소 원자 하나와 산소 원자 두 개로 구성되었다고 볼 수 있습니다.[1]

우리 눈에 어색하게 보이는 이 규칙은 당시 화학자의 눈에도 거슬렸습니다. 1811년 존 보스톡John Bostock(1773-1846)이라는 화학자는 다음과 같이 반박했죠. "입자들이 특정 비율로 결합할 때 그 결합이 1:1이라고 알 수 있는 때는 언제인가? 물이 산소 원자 두 개와 수소 원자 한 개, 혹은 산소 원자 한 개와 수소 원자 두 개로 구성되는 것은 왜 불가능한가? 나는 돌턴 씨가 다른 모든 조합에 비해 이 1:1 결합을 선호하는 어떠한 이유도 찾지 못했[다.]"[2] 돌턴은 바로 반론을 제시했습니다. 원칙적으로 원자 A에 원자 B가 결합한다고 하면 최대 열두 개까지 결합할 수 있지만 원자는 같은 종류의 원자끼리 서로 밀어내는 성질을 가지고 있기 때문에 가장 안정적인 구조는 두 원자가 1:1로 결합하는 구조라는 것입니다.

더 큰 문제는 두 원소가 한 가지 비율로만 결합하지 않을 때 발생했습니다. 앞서 일산화 탄소와 이산화 탄소 이야기를 했습니다만 사실 이것들에 대해 우리가 아는 정보는 탄소 일정량에 결합하는 산소의 양이 두 화합물에서 두 배 차이가 난다는 것뿐입니다. 돌턴은 일산화 탄소를 가장 단순한 화합물로 놓고 각각 탄소 하나에 산소 하나, 탄소 하나에 산소 두 개가 붙는다고 보았지만 반대로 이산화 탄소가 가장 단순한 화합물이라고 보면 일산화 탄소가 탄소 두 개에 산소 하나로 구성되고 이산화 탄소는 탄소 하나에 산소 하나로 구성되는 상황도 가능해집니다. 어느 쪽이 맞는지 어떻게 알 수 있을까요? 돌턴은 이러한 난점을 해결하기 위해 증기압을 이용한 별도의 실험적 증명을 시도했으나 설득력은 약했습니다.

영국 화학자들의 원자량 세기

이러한 문제 때문에 당시 돌턴의 이론에 열광한 화학자라

해도 최대 단순성 규칙을 그대로 적용하는 경우는 거의 없었습니다. 그들은 자기 나름대로의 방법으로 원자량을 결정하려고 했습니다. 이 글에서는 영국의 화학자, 즉 토머스 톰슨, 윌리엄 월라스턴William Hyde Wollaston (1766-1828), 험프리 데이비의 사례를 소개하고자 합니다.

톰슨은 돌턴 원자설의 강력한 지지자였습니다. 톰슨은 심지어 돌턴이 원자설을 잘 정리하여 발표하기도 전인 1804년 돌턴과의 대화를 통해 기본적인 아이디어를 듣고 크게 흥분하여 기록을 남겼습니다. 그는 특히 최대 단순성 규칙에 깊은 감명을 받았는데 1807년 자신의 책《화학의 체계System of Chemistry》제3판에서 돌턴의 최대 단순성 규칙을 적용하여 원자량을 계산해 보기도 했습니다. (이 책은 심지어 돌턴의《화학 철학의 새 체계》1권이 나오기도 전에 출판되었습니다.) 톰슨은 1807년 데이비와 월라스턴에게 돌턴의 원자설을 소개합니다.

데이비는 당시 영국 화학계를 대표하는 인물 중 하나였습니다.[3] 그는 1800년 볼타의 전기와 이를 이용한 물의 분해 실험에 대해 듣자마자 바로 전기화학에 뛰어들었습니다. 그는 다양한 전기 분해 실험을 직접 수행하면서 화학적 친화도의 근원에는 전기 현상이 있다고 생각했고 1806년 발표한 논문에서 정전기, 전류, 전기 분해, 화학적 친화도, 화학 결합 등을 개념적으로 연결하려는 대담한 시도를 했습니다. 이후 데이비는 이전까지 원소로 간주한 물질인 알칼리와 알칼리 토류(오늘날의 용어로 각각 알칼리 금속의 산화물과 알칼리 토금속의 산화물에 대응)를 전기로 분해하는 데 성공했고 이를 1808년 논문으로 발표했습니다. 이렇게 전기를 이용하면 다른 방법으로는 분해하기 어려운 분자의 구성 성분을 떼어낼 수 있고, 이를 통해 화학적 친화도를 측정할 수 있다는 것이 데이비의 생각이었습니다.

데이비는 1809년 강연에서 돌턴의 원자설을 처음 언급합니다. 그는 전기 분해를 통해 알칼리 토류에 포함된 산소의 양을 측정할 수 있었고 그 비율 속에서 규칙성을 발견했습니다. 그리고 돌턴의 원자설이 예측하는 산소의 양과 자신이 실험으로 직접 측정한 양이 크게 다르지 않다는 것에 놀랐습니다. 비록 데이비 자신은 돌턴의 원자설을 믿지 않았고 오히려 세상이 단일한 종류의 기본 물질로 구성되어 있다고 믿는 쪽에 가까웠지만 원자량 개념이 화학 연구에 유용하다는 점은 인정할 수 밖에 없었죠. 그는 이 원자량 개념을 활용해 자신의 전기적 화학 결합 이론을 확장합니다.

데이비는 1810년 이후 여러 편의 논문을 통해 ('원자'라는 표현 대신 조심스럽게 '비율'이라는 표현을 사용했지만) 다양한 원소의 원자량을 제안합니다. 그리고 마침내 1812년 《화학 철학의 기초Elements of Chemical Philosophy》라는 책을 통해 당시에 실험값이 존재했던 총 37개의 원소에 대해 원자량 데이터를 정리하여 발표합니다. 이 책에 등장하는 데이비의 원자량은 돌턴의 원자량과 다릅니다. 특히 데이비는 물 분자의 구성이 수소 원자 두 개에 산소 원자 하나라고 생각했습니다. 이는 수소 기체와 산소 기체가 반응하여 물을 만들 때 부피 비율이 2:1이었기 때문입니다. 그리고 이 사실로부터 돌턴이 제안한 수소 원자량을 두 배로 해서 수소 원자량으로 잡고 이걸 기준으로 다른 물질들의 원자량을 새로 계산했죠. 데이비는 돌턴의 원자량이 '사실에 근거한' 비율에서 벗어난 데이터라고 여겼습니다.

한편 월라스턴은 1808년 이후 원자량 연구를 시작했고 직접 실험을 통해 많은 물질의 당량을 결정합니다. 그는 1812년경 수소가 아니라 산소의 원자량을 기준으로 잡는 것이 좋겠다는 결론을 내렸고 1813년 학회 발표를 통해 자신이 계산한 원자량을 공개했습니다. (이 데이터는 1814년 논문으로 출판되기도 했습니다.) 흥미롭게도 월라스턴도 데이비처럼 원자라는 표현을 피하고 대신 당량이라는 단어를 사용했습니다. 이 지점에서 돌턴과 월라스턴의 차이가 드러납니다. 물리학자인 돌턴은 원자가 실재한다고 믿었고 원자량 연구는 실제 원자의 원자량을 찾는 과정이라고 생각했습니다. 반면 월라스턴은 원자의 실재성을 직접 다루는 것을 피합니다. 월라스턴에게 원자량은 규약이었고 규약에 맞춰 숫자를 조작하면 실제 화학 반응을 정확하게 기술할 수 있는 유용한 도구일 뿐이었습니다. 여기서도 연금술로부터 내려오는 실용주의적 입장을 볼 수 있습니다.

월라스턴의 원자량 데이터는 즉각적인 호응을 얻었습니다. 많은 화학자가 원자의 실재성에 의문을 표하던 상황에서 월라스턴은 원자라는 가설적 존재에 대한 이론적 논의 없이 당량 계산을 했다고 주장했기 때문입니다. 데이비는 월라스턴의 데이터가 가설과 분리된 실용적인 데이터라며 만족을 표했고 톰슨 역시 1813년과 1814년에 출판한 논문에서는 월라스턴의 데이터에 영향을 받아 산소의 원자량을 1로 잡은 원자량 데이터를 제시했죠. 또한 월라스턴은 실험값을 어디에서 얻었는지 그 출처를 꼼꼼하게 표시했는데 이 전례를 따라 톰슨 역시 출처를 적었습니다. 월라스턴의 꼼꼼한 데이터는 영국에서 1860년대까지 활용될 정도로 인기가 있었습니다.

다음 표에서는 각 과학자의 원자량 데이터를 정리했습니다.[4] 당시에는 어느 물질이 원소인지에 대해 합의가 안 된 경우가 종종 있었습니다. 예를 들어 염소의 경우, 돌턴과 월라스턴은 염소를 무리움murium, Mu이라는 원소의 산화물로 생각했고 데이비와 톰슨은 염소 자체가 원소라고 생각했습니다. 이 경우 돌턴과 월라스턴은 무리움의 원자량을 보고했고 데이비와 톰슨은 염소의 원자량을 보고했겠죠. 동일한 기준으로 맞추기 위해 이런 경우 현재 우리가 아는 원소를 기준으로 원자량을 다시 환산했고 이런 데이터는 괄호 안에 표시해 두었습니다. 데이터를 보면 물 분자의 조성이 무엇이냐가 중요한 쟁점이었음을 알 수 있습니다. 당시에는 수소 분자와 산소 분자가 이원자 분자라는 것은 상상할 수 없었기 때문에 물 분자가 HO라고 생각한 사람은 산소의 원자량을 8 근처로, H_2O라고 생각한 사람들은 16 근처로 계산했습니다. 그리고 어떤 실험 데이터를 사용했느냐에 따라 원자량 값이 약간씩 차이가 나는 것을 볼 수 있습니다.

원소	돌턴, 원자량 (1810)	데이비, 비율 (1810-1811)	데이비, 비율 (1812)	톰슨, 원자량 (1813-1814)	월라스턴, 당량 (1814)
수소(H)	1	1	1	0.132	1.32
산소(O)	7	7.5	15	1.000	10.00
탄소(C)	5.4	5.7	11.4	0.751	7.54
질소(N)	5	13.4	26	0.878	17.54
황(S)	13	13.6	30	2.000	20.00
인(P)	9	16.5	20	1.320	17.40
염소(Cl)	(29)	32.9	67	4.498	(44.1)
소듐(Na)	(21)	22 or 44	88	5.882	29.1
포타슘(K)	(35)	40.5	75	5.000	49.1
칼슘(Ca)	(17)	20.8	40	2.620	25.46
마그네슘(Mg)	(10)		28	1.368	(14.6)
스트론튬(Sr)	(39)		90	5.900	(59)
바륨(Ba)	(61)		130	8.731	(87)
철(Fe)	50	50	103	6.666	34.5
구리(Cu)	56		120	8.000	40
아연(Zn)	56		66	4.315	41
은(Ag)	100		205	12.62	135
수은(Hg)	167		380	25.00	125.5
납(Pb)	95		398	25.97	129.5

그림 12.1 돌턴과 영국 화학자들이 제시한 원자량.

질량 대신 부피

한편 영국 밖에서는 돌턴의 원자설이 어떻게 수용되었을까요? 흥미롭게도 많은 경우 돌턴의 원자설은 그대로 수용되지 않았습니다. 이는 뉴턴의 영향력이 상대적으로 작았기 때문이라고 볼 수 있습니다. 뉴턴의 나라 영국에서는 자연 현상을 입자들의 상호 작용으로 설명하는 것이 자연스러운 관점이었지만 그 밖의 나라에서는 입자 개념에 큰 매력을 못 느꼈던 것입니다. 그리고 '질량'이 측정량의 대표로 사용될 필요도 없었죠. 질량 대신 널리 사용된 실험적 측정량은 '부피'였습니다.

먼저 조제프 게이뤼삭Joseph Louis Gay-Lussac(1778-1850)의 이야기를 살펴보겠습니다.[5] 게이뤼삭은 베르톨레의 제자로서 돌턴의 원자설이 발표되던 당시 프랑스 화학계의 총아였습니다. 그는 1808년 게이뤼삭의 법칙으로 알려진 기체 반응의 법칙을 발표합니다. 기체 반응에서 반응하는 기체와 생성되는 기체의 부피 사이에는 간단한 정수비가 성립한다는 법칙이죠. 앞서 데이비가 이 법칙을 활용하여 물의 조성을 결정했음을 언급한 바 있습니다. 오늘날 화학 교과서에서도 게이뤼삭의 법칙을 이용해 물질의 조성비를 결정할 수 있다고 배웁니다.

그런데 흥미롭게도 게이뤼삭은 스승인 베르톨레처럼 일정 성분비의 법칙을 받아들이지 않았습니다. 그는 물질의 반응비는 실험 조건에 따라 달라질 수 있다고 생각했고 자신의 법칙이 돌턴의 원자설을 지지하는 것처럼 보이지만 실제로는 그렇지 않다고 항변했습니다. 그는 오직 기체에서만 부피비가 정수비로 나온다는 점은 고체/액체에서 기체가 될 때 극적인 부피 변화가 수반되기 때문에 나타나는 경험적 법칙이라고 설명했고 화학 반응에서 성분 사이의 비율이 일정하다는 것은 일반화할 수 있는 원리가 아니라고 주장했죠. 게다가 게이뤼삭에게 있어 돌턴의 원자설은 최대 단순성 규칙이라는 임의적인 가설 위에 세워진 것이므로 받아들일 수 없었습니다.

돌턴 역시 게이뤼삭의 법칙을 받아들이지 않았고 자신은 그 법칙을 이해할 수 없다는 글을 남겼습니다. 게이뤼삭은 1828년이 되어서야 산-염기 반응을 다루기 위해 일정 성분비의 법칙과 돌턴의 원자설을 받아들입니다. 그는 자신의 글에서 영국 화학자들이 고심하여 만든 표현들인 '원자', '비율', '당량'이라는 표현을 섞어서 사용했는데 이는 그 철학적 함의에 대해 깊이 생각해 보지 않았다는 점을 시사합니다.

두 번째 인물로 이탈리아의 과학자 아마데오 아보가드로를 살펴봅시다.[6] 아보가드로는 1811년 게이뤼삭의 법칙에서 출발하여 같은 수의 기체 입자는 '그 종류와 무관하게' 동일한 압력에서 같은 부피를 점유한다는 가설을 끌어냅니다. 오늘날 아보가드로의 법칙으로 알려져 있는 법칙입니다. 그는 이러한 가설에 기반하여 모든 물질의 '증기 밀도'를 계산하고자 했습니다. 즉 단위 부피의 산소와 결합하는 각 원소의 질량을 이용해 단위 부피당 질량을 계산한 것이죠. 문제는 그가 기체뿐 아니라 액체와 고체에 대해서도 동일한 작업을 수행했다는 것입니다. 그 결과 기체로 존재하는 홑원소물질과 화합물에 대해서는 맞는 데이터를 만들어 냈지만 나머지 수백 종류의 물질에 대해서는 (심지어 당시 기준으로 보더라도) 엉터리 데이터를 만들었습니다. 그리고 아보가드로 역시 돌턴의 원자 개념을 받아들이지 않았습니다. 그는 실험적으로 결정할 수 있는 최소 단위는 부피 혹은 증기 밀도라고 주장했고 수소의 부피를 1로 잡아 그로부터 다른 원소들의 단위 부피를 결정하려고 노력했습니다. 오늘날 흔히 아보가드로가 분자 개념을 처음 도입했다고 여겨지지만 사실 그는 원자를 믿지 않았기 때문에 원자와 분자 개념을 구분하지 않았습니다.[7]

50년 후 화학계는 아보가드로를 재발견합니다. 그리고 그의 가설을 활용하여 원자와 분자 개념을 정교하게 다시 정의하죠. 그러면서 왜 그동안 화학계에서 이 중요한 가설이 무시당했는지 의아하게 생각하면서 돌턴과 게이뤼삭을 비롯한 동시대 화학자를 비난했습니다. 이 전통은 이후로도 쭉 이어져서 라이너스 폴링Linus Pauling(1901-1994) 같은 현대 화학자들도 아보가드로가 무시당한 역사를 비통하게 여겼습니다. 하지만 화학사를 연구하는 학자들은 사실 아보가드로가 무시당한 것이 아니라는 사실을 알아냈습니다. 아보가드로 이후의 화학자들도 그의 논문을 읽었습니다. 그렇지만 아보가드로의 법칙은 이론적 설득력이 약할뿐더러 응용 가능성도 높아 보이지 않았습니다. 아보가드로의 법칙은 기체에만 적용됩니다. 그런데 19세기 전반 화학자가 관심을 가진 많은 물질은 기체가 아니었습니다. 아보가드로는 액체와 고체에 자신의 법칙을 적용하려고 애를 썼지만 그 결과는 엉망진창이었습니다. 액체와 고체를 다룰 수 있는 다른 유용한 법칙이 많은데 굳이 부정확한 아보가드로의 법칙을 선택할 이유는 없겠죠.

돌턴이 일으킨 돌풍은 어디로 이어졌을까요? 영국에서

출발해 게이뤼삭의 나라 프랑스, 아보가드로의 나라 이탈리아, 그리고 독일로 퍼져나간 돌풍은 토르베른 베리만의 나라인 스웨덴에도 도착합니다. 옌스 야코브 베르셀리우스Jöns Jakob Berzelius(1779-1848)도 돌턴의 원자설에 대해 듣게 됩니다.

13장

베르셀리우스,
정확하고 정교한 화학

스웨덴의 화학자 옌스 야코브 베르셀리우스는 19세기 전반 화학을 이해하는 데 빼놓을 수 없는 사람입니다. 베르셀리우스는 데이비로 대표되는 전기화학과 돌턴으로 대표되는 원자설을 통합하여 화학을 이해하는 관점을 정립했습니다. 그는 화학 결합을 설명하는 이원론을 창안했고, 원자량 데이터를 정교하게 확립했으며 오늘날까지 사용되고 있는 화학 기호를 만들었습니다. 게다가 베르셀리우스는 삶의 족적도 범상하지 않습니다. 이번 장에서는 그의 삶을 소개하고 그의 주요 업적을 살펴보도록 하겠습니다.[1]

불우한 삶에 주눅들지 않았던 화학자

베르셀리우스의 어린 시절은 불우했습니다. 학교 교사였던 아버지는 그가 네 살일 때 사망했고 어머니는 역시 짝을 잃은 홀아비였던 새아버지와 결혼합니다. 베르셀리우스가 여덟 살이 되자 어머니마저 세상을 떠났습니다. 새아버지는 점잖고 교양 있는 사람으로 그 이후에도 베르셀리우스를 맡아 키웠지만 베르셀리우스가 열한 살이 되던 해 세 번째로 결혼하면서 가족이 너무 늘어 더 이상 베르셀리우스를 감당할 수 없었습니다. 이후 베르셀리우스는 외삼촌 댁에 맡겨졌습니다. 외삼촌 내외가 베르셀리우스를 학대하지는 않았지만 그는 행복하지 않았고 14세에 독립하여 가정 교사 일을 하여 돈을 벌면서 중학교를 다녔습니다. 1798년 그는 열아홉의 나이로 웁살라 대학교에 진학하여 의학을 공부했고 같은 시기에 영어, 프랑스어, 독일어를 독학하여 원어민 수준으로 구사할 수 있을 정도가 되었습니다. 이러한 언어 능력은 이후 베르셀리우스의 과학 활동에 큰 도움을 줍니다.

당시 의대 커리큘럼에서는 화학 실험을 수행하는 것이 포함되어 있었고 베르셀리우스에게 주어진 첫 실험은 황산 철의 연소 실험이었습니다. 1주일 동안 수행해야 하는 실험이었지만 그는 몇 시간 만에 실험을 끝냈고 이 실험으로 화학에 큰 흥미를 느낀 그는 담당 조교의 호의를 얻어 실험실을 몰래 들락거리며 논문에서 읽은 실험을 수행하곤 했습니다. 당시 웁살라 대학교의 화학 석좌 교수는 요한 아프젤리우스Johan

Afzelius(1753-1837)로, 베르셀리우스가 비밀리에 실험실을 이용한다는 사실을 알고 그걸 금지하는 대신 공식적인 허가를 내주었고 이후 베르셀리우스의 연구 결과를 논문으로 출판할 수 있도록 적극적으로 지원해 주었습니다. 베르셀리우스의 첫 논문은 온천수의 분석 논문으로 1800년 출판됩니다.

베르셀리우스는 1802년 의학 박사 학위를 취득한 뒤 스톡홀름의 군의관 학교 조교 자리를 얻습니다. 여기서 그는 자유롭게 화학 연구를 수행할 수 있었는데 문제는 이 자리가 무급으로 일하는 자리였다는 점입니다. 그는 돈을 벌기 위해 광천수 생산 사업에 재산을 투자했지만 한 푼도 건지지 못했습니다. 이후 스스로 식초 공장을 세워서 사업을 하나 역시나 큰 빚만 남기고 실패하고 말죠. 베르셀리우스는 본인의 자서전에서 이 시기를 돌이키며 이런 말을 남겼습니다. "안타깝게도 [나는] 그전까지 식초 공장을 본 적이 없었고 더 나빴던 점은 내가 과학을 산업에 응용하는 데에는 재능이 없었다는 것이다. 이 무능력 때문에 나는 삶 전반에서 많은 돈을 잃었다. 우리 공장에서는 아세트산이 매우 느리게 생산되었고 그마저도 충분히 진하지 않았다." 이후 거의 10년 동안 베르셀리우스는 수입이 생기는 족족 빚을 갚아야 했습니다.

이 시기에 베르셀리우스의 관심을 끌었던 것은 전기 현상이었습니다. 그는 볼타 전지를 여러 물질에 연결해 보기도 하고 심지어 질병 치료에 활용할 수 있을지 연구해 보기도 했습니다. 그러한 연구의 결과, 1803년에는 염에 전기를 가하면 알칼리(알칼리 금속의 산화물)와 산이 생성된다는 보고를 하기도 했습니다. 베르셀리우스는 의사로서의 전문성을 더하여 인체에서 유래된 물질과 체액을 화학적으로 분석해 보기도 했고 광물을 분석하여 그때까지 알려지지 않은 물질인 산화 세륨을 찾아내기도 했습니다. 베르셀리우스는 즉시 산화 세륨의 발견을 논문으로 써서 접수했지만 바로 직전에 다른 화학자가 동일한 물질을 발견하여 출판했다는 실망스러운 답변을 받았습니다.

1807년, 베르셀리우스는 스톡홀름 외과 대학교의 의약학 교수로 임명되었습니다. 그는 1808년 《화학 교과서Lärbok i Kemien》를 출판했고 같은 해 스웨덴 과학원Swedish Academy of Science의 회원으로 선출됩니다. 점점 유명세를 탄 그는 1818년에는 귀족 작위를 받았고 1820년에는 과학원 서기로 임명되죠. 이 시기, 즉 1807년부터 1820년까지가 베르셀리우스가 가장 왕성하게 연구 활동을 진행한 시기입니다.

정확한 원자량 데이터와 현대적 화학 표기법의 등장

베르셀리우스는 1809년 당시 유럽 화학계를 강타한 돌턴의 원자설에 대해 듣고 관심을 가졌습니다. 다만 돌턴의 책을 구하기 힘들었기 때문에 그는 우선 리히터가 한 것처럼 알려진 무기 산화물, 산, 염에 대해 당량을 엄밀하게 계산하여 데이터로 만들었습니다. 이 데이터는 1810년부터 1812년 사이에 발표되었는데 특히 1811년과 1812년에 출판된 논문에서 그는 화학적 친화력이 전기적 현상이라는 가설을 제시합니다. 양전하를 띤 원자와 음전하를 띤 원자가 서로 결합하여 화합물을 형성하고 이때 두 원자의 비율은 중성을 만들 수 있는 최소한의 비율이라는 것입니다. 그리고 이 이론을 확장하여 분자 내의 원자 수를 결정할 수 있는 규칙을 몇 가지 만들었습니다. 예를 들어 두 종류의 산화물이 서로 결합할 때는 두 화합물의 결합비가 각 산화물이 포함하고 있는 산소의 수에 비례해야 한다는 규칙, 가연성 물질이 결합할 때는 각 물질이 결합할 수 있는 산소의 수에 따라 결합비가 결정된다는 규칙이 있었습니다.[2]

베르셀리우스는 1812년이 되어서야 돌턴의 책을 손에 넣게 되었고 그 지식을 기반으로 원자량 연구에 본격적으로 뛰어듭니다. 베르셀리우스는 지난 장의 월라스턴과 마찬가지로 산소의 원자량을 기준으로 각 원소의 원자량을 계산했는데 이는 산소를 포함한 물질이 수소를 포함한 물질보다 더 다양했기 때문입니다. 문제는 역시 한 분자에 원자가 몇 개나 포함되어 있는지 알 수 없다는 점이었습니다. 베르셀리우스는 아보가드로의 연구에 대해서는 모른 채 기체의 경우 동일한 부피 안에는 동일한 수의 입자가 포함되어 있다는 가설을 제안했고 금속 산화물의 경우에는 금속 원자 하나에 산소 원자 두 개가 결합하는 비율이 원자 간의 반발력을 고려할 때 분자를 안정적으로 만들 것이라는 가설을 사용했습니다.

그렇게 1814년, 베르셀리우스가 심혈을 기울인 원자량 표가 발표됩니다.[3] 이 표는 대부분 베르셀리우스가 직접 측정한 실험값에 기반했고 그렇지 않은 데이터는 정확히 원전을 밝혀 두었습니다. 당시 베르셀리우스는 최고의 분석 화학 기술을 가진 사람이었기에 대부분의 원자량은 네 개에서 일곱 개까지의 유효 숫자로 표시되었죠. 1815년 윌리엄 프라우트William Prout(1786-1850)는 모든 원자의 원자량은 수소 원자량의 배수라는 가설을 발표했습니다. 역시 원자량 연구에 몰두한 톰슨은 자신의 원자량 데이터를 이용하여 프라우트의 가설이 실험적으로 옳다고 주장했지만 베르셀리우스는 자신의 엄밀한 데이터를 통해 각 원소의 원자량이 수소 원자량의 정수배와 정확히 일치하지는 않는다는 것을 보였습니다.

하지만 당시에 분자 내 원자의 질량비를 실험적으로 정확히 결정하는 것은 무척 어려운 일이었고 베르셀리우스조차 이후 여러 차례 자신의 원자량을 수정해야 했습니다. 베르셀리우스의 개정 작업에 큰 도움을 준 두 가지 규칙이 있습니다. 1819년 아일하르트 미처리히Eilhard Mitscherlich(1794-1863)가 같은 수의 원자를 포함한 고체 화합물은 유사한 결정 구조를 갖는다는 규칙을 발표합니다. 이 규칙을 이용하면 화합물 내의 원자 수를 조금 더 쉽게 결정할 수 있었죠. 그리고 비슷한 시기 뒬롱Pierre Dulong(1785-1838)과 프티Alexis Petit(1791-1820)는 금속의 경우 원자량과 비열의 곱이 일정하다는 규칙을 발견했습니다. 이런 규칙을 이용하면 기체 외의 화합물에 대해서도 더 정확하게 원자량을 결정할 수 있었습니다. 규칙을 조합하여 베르셀리우스는 당시 유럽 화학계에서 가

원소	베르셀리우스의 원자량(1814)	현대의 원자량
수소(H)	1.06	1.008
탄소(C)	12.0	12.01
질소(N)	28.73	14.01
산소(O)	16.00	16.00
소듐(Na)	92.69	22.99
마그네슘(Mg)	50.47	24.31
인(P)	26.80	30.97
황(S)	32.16	32.07
염소(Cl)	70.33	35.45
포타슘(K)	156.5	39.10
칼슘(Ca)	81.63	40.08
철(Fe)	111.0	55.85
구리(Cu)	129.1	63.55
아연(Zn)	129.0	65.39
스트론튬(Sr)	226.9	87.62
은(Ag)	430.1	107.9
바륨(Ba)	273.5	137.3
수은(Hg)	405.1	200.6
납(Pb)	415.6	207.2

그림 13.1 베르셀리우스가 발표한 원자량과 현대 원자량의 비교표. 현대 원자량과 비교할 수 있도록 산소의 원자량을 정확히 16으로 맞춰 환산한 원자량이다.

장 정확하다고 간주된 원자량 데이터를 만들 수 있었습니다.

베르셀리우스는 정확한 원자량 데이터만 남긴 것이 아닙니다. 그는 화합물의 분류와 화학 결합 이론에도 큰 영향력을 미쳤습니다. 베르셀리우스는 1813년 원소와 화학 반응을 표현할 수 있는 새로운 화학 표기법을 고안합니다. 이전까지 화학 물질과 화학 반응은 문장으로 기술되거나 간단한 그림으로 표시되었습니다. 하지만 이러한 표기법은 이해나 인쇄에 여러모로 불편했죠. 베르셀리우스의 원소 표기법은 각 원소의 라틴어 이름 첫 글자를 화학 기호로 사용하는, 바로 오늘날 우리가 사용하는 표기법입니다. 첫 글자가 같은 원소가 많았기 때문에 베르셀리우스는 다음과 같은 규칙을 만들었습니다. (오늘날의 원소 기호는 이 규칙을 엄밀하게 따르지 않기 때문에 불규칙적으로 보입니다. 베르셀리우스는 당시 알려진 원소만을 대상으로 이 규칙을 고안했습니다.)

(1) 비금속은 무조건 한 글자로 표시한다.

(2) 금속의 경우 이름이 겹치는 원소가 있다면 두 번째 글자까지 표시한다.

(3) 만약 두 번째 글자까지 이름이 겹친다면 첫 글자를 쓰고 이어서 처음으로 겹치지 않는 자음을 쓴다.

그 결과 비금속 황sulphur은 'S'가 되었고, 금속 규소silicium는 'Si', 금속 안티모니stibium는 'St', 금속 주석stannum은 'Sn'이 되었습니다.

그리고 이제 화학 반응식을 만들어야죠. 베르셀리우스는 화학 기호 하나가 단위 부피를 의미한다고 보았습니다. 단위 부피가 여러 개 필요하다면 숫자를 붙여서 표시합니다. 일산화 구리의 조성은 Cu+O로, 이산화 구리의 조성은 Cu+2O로 표시할 수 있습니다. 이렇게 만들어진 화합물은 더 이상 더하기 기호를 사용하지 않고 원소 기호를 전부 붙여서 표현합니다. 이때 동일한 원소가 여러 부피로 포함되어 있다면 윗첨자로 쓰도록 했습니다. 즉 일산화 구리는 CuO이고 이산화 구리는 CuO^2가 됩니다. (오늘날은 아랫첨자로 쓰는 것이 표준입니다.) 이를 통해 화학자는 복잡한 화학 반응식을 대수식처럼 쉽게 다룰 수 있게 되었고, 뒤에서 보겠지만 특히 이 표기법은 생명체에서 기인하는 물질인 유기 화합물을 다루는 유기화학의 발전에 큰 기여를 하게 됩니다.[4]

전기를 화학에

베르셀리우스는 전기화학에 큰 감명을 받았기 때문에 데이비가 그랬던 것처럼 전기 현상을 이용해 화학 결합을 설명하고자 했습니다. 사실 전기 분해 실험을 직접 해 본 화학자에게 양극과 음극에서 발생하는 두 가지 물질이 원래 물질의 구성 요소라는 생각은 자연스러운 것이었죠. 그 두 가지 물질은 전기적으로 양전하와 음전하를 띠고 있고, 이들은 전기적 인력을 통해 서로 안정적인 화합물을 형성한다고 볼 수 있습니다. 이를 전기화학적 이원론electrochemical dualism이라 부릅니다. 전기화학적 이원론은 무기 화합물을 설명하는 데에 큰 성공을 거두었고 유기 화합물 중에도 전기 분해로 쪼개지는 물질들이 있었기 때문에 유기 화합물에도 적용될 수 있다고 널리 믿어졌습니다.

명민한 이론가이기도 한 베르셀리우스는 이전까지 활동한 여러 화학자의 개념을 통합하여 자신의 이원론을 완성했습니다.[5] 그는 베르톨레에게서 여러 종류의 분자가 서로 다른 화학적 친화력을 작용하고 이것이 평형을 이루는 것이 안정한 화합물을 만드는 지점이라는 개념을 흡수했습니다. 이 화학적 친화력을 전기적 인력으로 대체하면 베르셀리우스의 이원론이 되죠. 그리고 돌턴에게서는 각 분자가 여러 원자로 구성되어 있다는 개념을 도입했습니다. 서로 모순인 것처럼 보였던 베르톨레와 돌턴의 이론을 자신의 이론 속에 조화롭게 녹여낸 것입니다.

전기화학의 영웅이었던 데이비 역시 전기를 가지고 물질을 설명하는 베르셀리우스에게 영향을 주었습니다. 베르셀리우스의 연구 초반, 특히 1806년에서 1811년 사이의 기간 동안 베르셀리우스는 데이비와 서신을 교환하고 데이비를 칭송하는 글을 쓰는 등 좋은 관계를 유지했죠. 하지만 1811년 이후 그 관계가 삐걱거리기 시작합니다. 1811년 데이비는 무리움산oxymuriatic acid에서 산소를 찾을 수 없었다고 발표했습니다. (무리움산은 오늘날의 염산으로, 우리에게는 데이비가 정답을 맞힌 것으로 보이지만 당시에는 그것을 검증하기 어려웠다는 점을 이해합시다.) 당시 라부아지에의 영향으로 모든 산에는 산소가 포함되어 있다는 생각이 널리 퍼져 있었고 베르셀리우스 역시 무리움산에 산소가 포함되었다는 이론에 기반하여 자신의 이원론을 펼쳤습니다. 따라서 데이비의 발표는 베르셀리우스에게 큰 배신으로 다가왔습니다. 게다가 데이비는 계속해서 원자론을 받아들이지 않았습니다. 베르셀리우스의 이원론은 원자론에 기반하고 있었기 때문에 이 역시 큰 문제였습니다. 결국 1812년, 베르셀리우스가 데이비의 책을 혹평하면서 둘 사이의 관계는 완전히 틀어져 버렸습니다.

베르셀리우스의 삶에 대해 아직 남은 이야기가 몇 가지 더 있습니다. 먼저 후학 양성 이야기를 해볼까요. 베르셀리우스는 많은 학생을 두지 않는 것으로 유명했습니다. (그나마도 화학자보다는 의사 학생이 많았습니다.) 그의 연구실에는 주로 한 명, 많아야 두 명의 학생이 있었고 베르셀리우스는 그들을 성심성의껏 교육했습니다. 베르셀리우스 연구실을 거쳐 간 학생은 좋은 곳에 자리 잡을 수 있었는데 이는 베르셀리우스의 교육이 훌륭하기 때문이기도 했지만 한편으로 그가 제자의 일자리를 위해 발 벗고 뛰었기 때문입니다. 심지어 그는 제자에게 자리를 양보하기 위해 1834년 카롤린스카 대학교의 교수 자리에서 은퇴하기까지 했습니다.

베르셀리우스는 늦은 나이까지 결혼하지 않고 홀로 살았습니다. 본인의 회고에 따르면 그는 젊은 시절 어느 선배 과학자의 이야기를 듣고 죽을 때까지 결혼은 생각도 하지 않겠다고 결심했다고 합니다. 그 과학자는 비록 현재 행복한 결혼 생활을 유지하고 있지만 가족과 함께 살면서 생기는 여러 문제가 골치 아프므로 만약 다시 옛날로 돌아간다면 결혼을 심각하게 고민해 볼 것이라는 이야기를 했다고 하죠. 그러나 1834년 스웨덴을 덮친 콜레라 사태 속에서 많은 사람이 죽는 것을 보면서 베르셀리우스의 생각이 바뀌었습니다. "나는 처음으로 외롭다고 느꼈고 내 경제적 상황이 탄탄할 때 빨리 결혼하는 게 낫겠다고 생각했다." 베르셀리우스는 1835년, 56세의 나이로 친구의 딸(당시 24세!)과 결혼식을 올렸답니다.

베르셀리우스는 삶 자체로도 매력적인 사람이지만 다양한 분야에서 많은 업적을 남긴 다재다능한 사람이었습니다. 그중 특히 유기화학이 베르셀리우스의 업적을 기반으로 급격하게 성장합니다. 베르셀리우스 이전까지는 유기 화합물을 설명하는 것이 거의 불가능했습니다. 라부아지에나 돌턴 등도 유기 화합물의 존재는 알고 있었지만 그들의 이론으로 설명해 낼 수 없었죠. 이제 때가 무르익었습니다.

5부

오래된 난제,
생명의 물질

14장

생명의 물질을
어떻게 이해해야 하는가

유기물은 본래 동물과 식물에서부터 얻어진 물질을 가리키는 말입니다. 연금술이 처음에는 금속의 변성만을 다루었지만 이슬람과 유럽의 중세 연금술을 거치면서 유기물에 관심을 갖게 되었던 것을 떠올려 봅시다. 연금술의 후예였던 화학 역시 유기물과 무기물을 모두 연구했습니다. 그러나 화학자에게 유기물의 존재는 골치 아픈 것이었습니다. 다양한 유기물을 탐구해 왔지만 이들은 그 정체를 쉽게 보여 주지 않았기 때문입니다. 우선 유기물은 당시의 기술로 순수하게 얻는 것이 상당히 어려웠습니다. 게다가 설사 순수한 물질이라 하더라도 그 형성 원리가 명백하게 보이지 않았습니다. 서로 다른 유기물이 전부 비슷한 원소들(탄소, 수소, 산소, 질소)로 구성되어 있다는 점도 문제를 어렵게 만들었죠. 그래서 19세기 초까지 활동한 많은 화학자가 유기물에 대해서는 말을 아끼고 무기물에 집중해서 연구했습니다. 그러다가 베르셀리우스의 활동 시기와 맞물려 유기물에 대한 몇 가지 설명이 등장하고 이를 기반으로 유기물에 대한 체계적 이해를 시도할 수 있게 됩니다. 이번 장에서는 19세기 초반, 유기물이 어떻게 화학으로 포섭되어 왔는지 그 초기 역사를 살펴보도록 하겠습니다.[1]

생명체의 물질을 생명체가 아닌 것처럼 분석하다

연금술사나 화학자가 유기물을 특별하게 취급한 것은 아닙니다. 유기물 역시 무기물을 다루는 방식으로 연구할 수 있었고 다만 그 기원이 동식물이라는 점이 차이점일 뿐이었죠. 예를 들어 1801년에 출판된 화학 교재를 보면 유기물 분석 방법으로 비중 분리법, 증류법, 연소 분석, 침출법, 산 처리, 염기 처리, 용해 분석(물, 알코올, 에터, 기름), 발효 등이 소개됩니다. 이는 대개 무기 물질에도 적용할 수 있는 실험 기법이었죠. 하지만 그중에는 순물질을 분석하는 방법과 혼합물을 분리하는 방법이 섞여 있었고 순물질 분석법조차 정량적인 분석보다는 정성적인 분석에 그쳤습니다. 그 결과 당시까지도 유기물은 확실한 설명 체계가 존재하기 어려웠습니다. 숫자를 중시했던 라부아지에는 자신의 책에서 유기물을 모두 묶어 하나의 장에서 설명하면서 원리보다는 각 물질의 성질을 간단히 소개하는 선에서 멈추었습니다.

18세기 말에서 19세기 초에 걸쳐 많은 수의 유기물이 분리되었고 그것들의 조성이 점차 정확하게 알려집니다. 메테인CH_4은 오래전부터 습지 기체marsh gas로 알려져 있었는데 18세기 말 베르톨레에 의해 탄소와 수소로 구성되어 있음이 밝혀졌습니다. 에틸렌C_2H_4은 1794년 발견되었고 당시에는 '기름을 만드는 기체olefiant gas'로 불렸습니다. 에틸렌의 조성은 1805년에서야 정확히 알려집니다. 보클랭Louis-Nicolas Vauquelin(1763-1829)은 19세기 초에 활동한 프랑스의 약사이자 화학자로, 요소urea, CON_2H_4, 장뇌산camphoric acid, $C_{10}H_{16}O_4$, 알란토인allantoin, $C_4H_6N_4O_3$, 아스파라진asparagine, $C_4H_8N_2O_3$, 퀸산quinic acid, $C_7H_{12}O_6$ 등을 분리하는 데 성공합니다. 프루스트 역시 이 시기에 식물의 즙을 연구하여 포도당, 과당, 설탕을 분리해 냈고 만니톨mannitol, $C_6H_{14}O_6$과 루신leucine, $C_6H_{13}NO_2$도 얻어냈습니다.

이내 화학자들은 많은 유기물이 탄소, 수소, 산소로 구성되어 있음을 깨닫습니다. 게이뤼삭과 테나르Louis Thénard(1777-1857)는 이 가정을 도입하여 1810년과 1811년에 걸쳐 19가지 유기물질의 원소를 분석한 결과를 출판합니다. 이들은 염소산 포타슘$KClO_3$을 산화제로 사용하여 각 물질을 산화시킨 후 부피를 측정하여 탄소, 수소, 산소의 비율을 결정했습니다. 베르셀리우스 역시 이 문제에 관심이 많았기 때문에 비슷한 기구를 고안하여

1814년 13가지 유기 물질의 분석 결과를 출판했습니다. 관건은 생성물의 손실을 최소화하면서 산화가 완전히 일어나게 하는 것이었습니다. 이를 위해 강력한 건조 과정을 거치는데 그 결과 많은 경우 생성물은 무수물anhydride 형태로 얻어졌습니다. (그래서 오늘날 알려진 조성과는 조금 다르게 보일 때가 있습니다.) 게이뤼삭은 베르셀리우스의 기구를 보고 더 정확한 측정을 할 수 있도록 개선해냈습니다. 1815년에 이르면 게이뤼삭과 베르셀리우스의 분석 방법은 각각 충분히 안정화되어 양측의 측정값이 잘 수렴합니다. 이렇게 유기물의 정량 분석이 체계를 갖추자 본격적인 유기화학 연구가 시작됩니다.

구조 가설의 등장

게이뤼삭은 1815년 사이안화 수소HCN에서 사이아노젠C_2N_2을 얻었고, 'CN'이 마치 하나의 원소인 것처럼 행동한다는 기록을 남깁니다. 즉 반응 중에 C 원자와 N 원자가 따로따로 반응하는 것이 아니라, 이 두 원자가 결합한 덩어리가 마치 하나의 원자인 것처럼 작용한다는 것이죠. 게이뤼삭은 이 사실을 강조하기 위해 'Cy'라는 기호를 도입하여 CN 대신 사용하기도 했죠. 또한 그는 알코올 기체와 에터 기체의 밀도를 측정하여 에틸렌 기체와 수증기의 밀도로부터 그 밀도를 얻을 수 있다는 사실을 밝힙니다. 식으로 쓰면 다음과 같습니다.

1 단위 부피의 알코올 기체 =

　　　1 단위 부피의 에틸렌 기체 + 1 단위 부피의 수증기

1 단위 부피의 에터 기체 =

　　　2 단위 부피의 에틸렌 기체 + 1 단위 부피의 수증기

기체의 경우 동일한 부피 안에 동일한 수의 분자들이 있다는 가설이 널리 받아들여지고 있었으므로, 만약 여기서 이야기하는 하나의 단위 부피가 하나의 '덩어리'를 나타낸다고 보면 알코올은 에틸렌 덩어리 하나와 물 덩어리 하나가 결합해서 만들어졌다고 볼 수 있고, 에터는 에틸렌 덩어리 두 개와 물 덩어리 한 개가 결합해서 만들어졌다고 볼 수 있습니다. 즉 원자보다 큰 규모의 어떤 덩어리가 하나의 단위가 되어 유기물 내부에서 구조를 이루고 있을 것이라는 생각을 해 볼 수 있습니다.

이 '구조 가설'은 이성질 현상의 발견으로 더욱 탄력을 받습니다. 이성질 현상isomerism이란 분자를 구성하는 원자의 수와 종류가 같음에도 불구하고 두 분자의 성질이 달라지는 현상을 가리킵니다. 예를 들어 포도당과 과당은 서로 다른 성질을 가지고 있지만 둘 다 $C_6H_{12}O_6$라는 분자식으로 쓸 수 있습니다. 이러한 분자를 이성질체isomer라고 부릅니다. 1810년대부터 이성질체의 존재는 어렴풋이 알려져 있었습니다. 포도당과 과당은 이미 발견되어 있었으니까요. 이러한 관찰에 착안하여 베르셀리우스는 1815년 "유기 원자들이 특정한 물리적 구조를 가지고 있을 것이라는 생각을 할 수 있다. (……) 구조가 아니라면 동일

한 원소로 구성된 서로 다른 생성물을 설명할 수 없다"라는 기록을 남겼습니다. 하지만 이성질 현상에 대한 본격적인 연구는 1826년 게이뤼삭이 라세미산racemic acid과 타르타르산tartaric acid의 조성이 동일하다는 것을 발표하면서 시작됩니다. 이후 다른 물질에서도 이성질 현상이 발견되었고 1830년 베르셀리우스가 여기에 이성질 현상이라는 이름을 붙이면서 그 존재가 확실해졌습니다.

베르셀리우스는 전기적 이원론이 물질의 내부 구조를 설명할 수 있다고 생각했고 이를 이용해 이성질 현상을 설명하려고 했습니다. 즉 무기 화합물의 경우와 마찬가지로 전기적으로 양성을 띤 부분과 전기적으로 음성을 띤 부분이 결합하여 유기 화합물을 이룬다는 것이죠. 그러면 A_3B_3와 같이 동일한 화학식에 대해 AB와 A_2B_2가 결합한 화합물과 A_2B와 AB_2가 결합한 화합물이 존재할 수 있어 이성질 현상을 설명할 수 있습니다. 1832년, 베르셀리우스는 실험으로 그 원소 조성이 결정된 화학식을 '실험식empirical formula'이라 부르고 화학 이론에 따라 그 조성을 단위 덩어리로 풀어낸 식을 '시성식rational formula'이라 불러구분했습니다. 사실 '시성식示性式'이라는 번역어는 '그 구성 성분을 보여 주는 식'이라는 의미로 후대 화학의 관점이 들어가있지만, 베르셀리우스의 시성식은 (실험식과는 상반되게) 이론을 통해 세운 식이라는 의미가 더 강합니다.

베르셀리우스의 영향으로 이 시기에 유기 물질을 두 덩어리로 쪼개서 이해하는 사조가 유행하게 됩니다. 예를 들어 뒤마

에틸렌	C_2H_4	암모니아	NH_3
알코올	$C_2H_4 + H_2O$	수산화 암모늄	$NH_3 + H_2O$
황산 에터	$2C_2H_4 + H_2O$	산화 암모늄	$2NH_3 + H_2O$
염산 에터	$C_2H_4 + HCl$	염화 암모늄	$NH_3 + HCl$
아이오딘산 에터	$C_2H_4 + HI$	아이오딘화 암모늄	$NH_3 + HI$
질산 에터	$C_2H_4 + HNO_2$	아질산 암모늄	$NH_3 + HNO_2$
아세트산 에터	$C_2H_4 + C_2H_4O$	아세트산 암모늄	$NH_3 + C_2H_4O$
에틸 황산염	$C_2H_4 + H_2SO_4$	중황산 암모늄	$NH_3 + H_2SO_4$

그림 14.1 뒤마와 불레가 발견한 에틸렌과 암모니아의 유사성. 에틸렌과 암모니아는 여러 유기물 내에서 하나의 단위 덩어리인 것처럼 행동한다.

Jean-Baptiste Dumas(1800-1884)와 불레Felix-Polydore Boullay(1806-1835)는 1828년 에틸렌과 암모니아가 유기물 내에서 유사한 거동을 보인다는 점을 관찰하여 보고했습니다(그림 14.1). 예를 들어 알코올은 에틸렌과 물이 1:1로 결합한 것으로 이해할 수 있고, 수산화 암모늄은 에틸렌 대신 암모니아가 물과 1:1로 결합한 것으로 볼 수 있습니다. 에틸렌과 물이 2:1로 결합하면 황산 에터가 만들어지고, 암모니아와 물이 2:1로 결합하면 산화 암모늄이 만들어집니다. 이렇게 여러 유기물을 몇 개의 덩어리로 쪼개서 이해할 수 있다는 것이 뒤마와 불레의 아이디어였습니다. 이후 살펴보겠습니다만 이렇게 '덩어리'가 존재한다는 개념이 훗날 작용기functional group의 개념으로 발전합니다.

표기법과 유기화학의 발흥

이러한 초기 유기화학의 발전에는 베르셀리우스의 화합물 표기법이 지대한 공헌을 했습니다. 1813년 발표된 이 표기법은 처음에는 그다지 관심을 못 받다가 유기화학이 발전하면서 1820년대 후반부터 널리 사용되었죠. 과학사학자 우르술라 클라인Ursula Klein은 이 표기법을 화학 연구의 '종이 도구paper tool'라며 극찬하는데요, 이는 베르셀리우스 표기법이 실험으로 확인할 수 없는 분자 세계의 복잡한 화학 반응을 종이 위에서 시뮬레이션해 볼 수 있는 강력한 도구였기 때문입니다.[2]

클라인이 소개한 한 가지 예를 살펴보겠습니다. 알코올과 산을 섞으면 에터가 얻어진다는 사실은 19세기 전부터 알려져 있었습니다. 그런데 19세기 초의 여러 연구를 통해 어떤 산을 섞느냐에 따라 서로 다른 에터가 얻어진다는 점이 알려졌습니다. 황산과 알코올을 섞으면 황산 에터가, 질산과 알코올을 섞으면 질산 에터가, 염산과 알코올을 섞으면 염산 에터가 얻어졌죠. 보클랭은 알코올과 산이 바로 결합하면서 에터가 형성된다고 생각했고 이 가설은 19세기 초에 널리 수용되었습니다. 그러나 일부 화학자는 다르게 생각했습니다. 황산 에터가 만들어지고 나면 아황산이 생성되는 현상을 관찰한 것입니다. 어쩌면 황산이 아황산과 산소로 분해되고 그 산소가 알코올에 전달되어 에터가 만들어지는, 두 단계 반응이 일어나는 게 아닐까요? 1820년에 황산 에터 생성 반응에서 에틸 황산염ethyl sulfate이 부산물로 발견되면서 이 대안이 급격히 인기를 끌게 됩니다. 즉 에틸 황산염이라는 중간 단계를 거쳐서 반응이 일어난다는 것입니다. 무슨 말인지 잘 모르시겠죠? 베르셀리우스의 표기법 없이 화학 반응을 설명한다는 것이 얼마나 어려운지 맛보실 수 있도록 일부러 줄글로 써보았습니다.

이 논쟁을 종식한 것은 뒤마와 불레의 1827년 논문이었습니다. 뒤마와 불레는 이 논문에서 베르셀리우스의 반응식을 활용해 에틸 황산염의 형성을 설명하고 그동안 알려지지 않은 부산물의 존재까지 예측합니다. 당시 화학자들이 어떻게 반응을 표현했는지 이해해 보실 수 있도록 여기서는 뒤마와 불레의 표기법을 수정하지 않고 그대로 써보겠습니다. 이 표기법을 이해하기 위해 알아야 하는 사실이 몇 가지 있습니다. 먼저 지난 장에서 이야기한 것처럼 당시에는 분자 내 원자의 수를 아랫첨자 대신 윗첨자를 써서 표기했습니다. 그리고 당시 화학계는 아직 원자량에 대한 합의를 이루지 못하고 있었고 뒤마와 불레는 탄소의 원자량을 약 6이라고 생각했습니다. (오늘날 탄소의 표준 원자량은 약 12입니다.) 그리고 분자의 조성을 결정하는 실험에서 강력한 탈수 과정을 거치기 때문에 오늘날 알려진 분자의 조성에서 물 분자에 해당하는 원자들, 즉 수소 원자 두 개당 산소 원자 하나씩 빠져 있는 조성을 해당 분자의 조성으로 여기는 경우가 있었습니다. 그 결과 황산은 물 분자가 빠진 SO^3로 표기합니다. 알코올(에탄올)은 물 분자가 하나 빠져서 C^2H^4로 쓸 것 같지만 탄소의 원자량을 오늘날의 절반으로 보았기 때문에 C^2H^2가 됩니다. 에틸 황산염은 이 분자를 형성하고 있는 덩어리들을 S^2O^5 한 덩어리와 H^3C^4 두 덩어리로 보았기 때문에 그걸 밝혀서 표기했습니다. 뒤마와 불레가 베르셀리우스의 이원론을 따라 에틸 황산염이 두 가지 구성 요소, S^2O^5와 H^3C^4가 1:2로 결합된 형태라고 믿었음을 알 수 있습니다.

물질	오늘날의 표기	뒤마-불레의 표기
황산	H_2SO_4	SO^3
알코올	C_2H_6O	C^2H^2
에틸 황산염	$C_2H_6SO_4$	$S^2O^5 + 2H^3C^4$

그림 14.2 에틸 황산염의 형성 반응에 참여하는 분자들. 오늘날의 표기와 뒤마-불레의 표기를 비교했다.

이제 식의 좌변에는 황산과 알코올을, 우변에는 에틸 황산염을 놓고 마치 방정식을 다루듯 숫자를 곱해 황과 탄소 원자의 수를 맞춰 보겠습니다.

$$2SO^3 + 4H^2C^2 = S^2O^5 + 2H^3C^4$$

이 식은 황산 분자 두 개, 알코올 분자 네 개와 에틸 황산염 한 분자가 대응한다는 의미입니다. 그런데 좌변과 우변의 원자 수를 세 보면 좌변에 비해 우변에 H 원자 두 개와 O 원자 하나가 부족한 것을 알 수 있습니다. 등호가 성립하도록 우변에 이 원자들을 채우면 다음과 같습니다.

$$2SO^3 + 4H^2C^2 = S^2O^5 + 2H^3C^4 + H^2O$$

이제 양변에 등장하는 원자의 종류와 수가 같아졌습니다. 이 식은 골치 아픈 유기 반응을 쉽게 이해할 수 있게 해 줍니다. 반응물인 황산과 알코올이 결합하여 에틸 황산염을 만들어 낸다는 것이 직관적으로 드러납니다. 게다가 기존의 정성적 이론에서는 예측할 수 없었던 물의 생성을 예측한다는 장점이 있습니다. 이 실험은 수용액에서 진행되었으므로 그동안은 물이 크게 관심을 끌지 못했지만 이렇게 이론적 예측이 주어지면 정량 분석을 통해 반응 이후 물이 더 생겼는지 알아볼 수 있겠죠.

여기서 한 가지 주의할 점이 있습니다. 당시 반응식은 실제 반응을 기술한다고 믿어지는 오늘날의 반응식과는 달리 대수 방정식과 같은 존재로 이해되었습니다. (식의 가운데에 이중 화살표 대신 등호가 사용된 것을 보세요.) 지난 장에서 살펴본 것과 같이 아직 원자의 개념이 확고하게 정립되지 않은 시대였기 때문에 오늘날처럼 반응식의 계수를 분자의 개수와 대응시킬 수 없었습니다. 그저 산술적으로 양변의 계수를 맞추면 반응을 예측할 수 있다는 실용적 의미가 강했고 왜 이 대수식이 화학 반응을 설명하는지에 대한 합리적인 설명도 제시하기 어려웠죠. 하지만 화학자들은 이 식으로 복잡한 유기 반응을 정량적으로 예측할 수 있다는 데에 열광했고 베르셀리우스의 표기법은 화학계의 표준으로 자리 잡습니다.

생명체만의 특별한 것?

이번 장은 많은 오해를 불러온 개념인 생기론vitalism에 관한 논의로 마무리해 볼까 합니다. 이번 장 서두에서 말씀드린 것처럼 19세기 이전 화학자도 유기물이 특별한 물질이 아니라는 것을 알았습니다. 다만 무기물과 달리 유기물은 실험실에서 합성하기 어려웠기 때문에 유기물을 만들어 내기 위해서는 생명체가 꼭 필요하다고 생각했습니다. 즉 유기물과 무기물 사이에는 건널 수 없는 경계가 있고 그것은 생성 과정에 생명체의 기운, 곧 생기가 개입하기 때문이라는 것입니다. 이것을 생기론이라고 부릅니다. 화학계에 널리 퍼져 있는 이야기에서 이 생기론은 1828년 뵐러Friedrich Wöhler(1800-1882)가 사이안산과 암모니아로 요소urea를 합성하면서 한 번에 박살났다고 합니다. 요소는 동물의 오줌에서 얻을 수 있는 물질로 대표적인 유기물이었고 사이안산과 암모니아는 모두 무기물로 간주됩니다. 따라서 사이안산과 암모니아로 요소를 합성했다는 것은 유기물과 무기물의 경계를 무너뜨렸다고 해석할 수 있습니다.

하지만 이러한 '뵐러 신화'는 역사적으로 사실이 아닙니다.[3] 일단 뵐러가 사용한 재료인 사이안산과 암모니아는 당시 유기물에서 얻을 수 밖에 없었기 때문에 이것들로부터 요소를 합성했다는 사실이 유기물 합성에 생기가 필요하지 않다는 점을 증명할 수 없었죠. 혹시 당시의 화학자들이 보수적이라서 젊은 뵐러의 도전적인 해석을 무시한 것은 아닐까요? 사실 뵐러의 요소 합성 실험은 당대에도 큰 관심을 끌었습니다. 다만 생기론과 연관되어 관심을 받은 것이 아니었을 뿐입니다. 무엇보다 뵐러 자신이 이 연구를 생기론과 연결하지 않았습니다. 그는 산과 염기를 섞어 염을 얻기를 기대했는데 염이 아닌 물질이 생성되었다는 점에 더 큰 관심을 가지고 있었습니다. 그리고 요소의 조성이 사이안산 암모늄NH_4OCN과 동일하다는 점에서 이성질 현상의 또 다른 예로서 흥미롭게 여겼습니다. 그래서 생기론은 뵐러의 요소 합성 실험 이후에도 계속해서 화학계에서 영향력을 행사합니다. 심지어 1837년에 발행된 베르셀리우스의 화학 교재에서도 여전히 유기물은 생명체 안에서만 합성될 수 있다는 언급이 나옵니다. 생기론이 그 자취를 감추는 것은 1840년대 이후입니다.

그렇다면 뵐러 신화는 어디에서 기인한 것일까요? 1840년대에 생기론이 완전히 축출된 이후, 유기화학의 시작점을 찾고 싶었던 화학자들은 뵐러의 요소 합성에 새로운 의미를 부여합니다. 이제 이 실험은 '최초로 무기물에서 유기물을 합성한 실험'이자 '생기론을 끝장낸 실험'의 지위를 부여받게 되었고, 이것이 화학계 내에서 정설로 자리잡으면서 지금까지 내려오고 있습니다. 일찍이 1944년에 뵐러 신화를 반박하는 과학사 논문이 과학계를 대표하는 학술지인 《네이처》에 실렸음에도 여전히 영향력을 행사하고 있는 신화입니다.[4]

뵐러는 베르셀리우스의 제자였고 비슷한 시기 활동했던 뒤마, 리비히Justus Liebig(1803-1873)와 더불어 새로운 세대를 대표하는 화학자였습니다. 이번 장에서 살펴본 것처럼 이들의 스승 세대인 게이뤼삭과 베르셀리우스 세대는 일견 이해가 불가능해 보였던 유기물을 체계적으로 이해할 수 있는 길을 닦았습니다. 그 뒤를 이어 이 젊은 세대 과학자들이 유기물에 대한 우리의 이해를 더욱 풍성하게 만들었죠. 다음 장에서는 이들의 이야기를 자세히 살펴보겠습니다.

15장

화학 삼총사 리비히, 뵐러, 뒤마와 새로운 이론들

이번 장에서는 리비히, 뵐러, 뒤마라는 세 명의 화학자에 집중해 보려고 합니다. 비슷한 나이대의 이들은 때로는 경쟁자로, 때로는 공동 연구자로, 때로는 친구로 유럽 화학계를 이끌어 나갔습니다. 흥미롭게도 이들은 모두 그 이전 세대 거장의 제자라는 공통점을 가지고 있습니다. 리비히는 게이뤼삭, 뵐러는 베르셀리우스, 뒤마는 테나르에게서 화학을 배웠습니다. 이들은 이전 세대의 연구를 충실히 전수받아 그를 뛰어넘는 새로운 연구를 수행했으며 자신의 뒤를 잇는 후배 세대에게도 연구를 체계적으로 전달하는 역할을 했습니다. 여기서는 특히 이들의 초기 삶과 업적에 집중하여 살펴보겠습니다.

위대한 학자를 만드는 건 좋은 스승

뷜러는 수의사의 아들로 태어나 어린 시절부터 화학에 관심을 갖고 1820년 마르부르크 대학교에 입학합니다. 1823년 하이델베르크 대학교에서 그멜린Leopold Gmelin(1788-1853)의 지도 아래 의학 박사 학위를 받은 뷜러는 그멜린의 추천을 따라 스웨덴의 베르셀리우스 밑에서 공부하러 떠납니다. 약 1년 동안 함께 시간을 보낸 뷜러와 베르셀리우스는 이내 최고의 관계를 이루었습니다. 뷜러는 베르셀리우스와의 만남을 '헤아릴 수 없는 축복'이라고 칭했고 베르셀리우스 역시 뷜러를 수제자로 삼았습니다.[1] 뷜러는 1826년 독일로 돌아와 베를린 공과대학교에서 화학을 가르치기 시작했습니다. 뷜러는 베르셀리우스의 책과 논문을 독일어로 번역하는 등 독일에서 베르셀리우스를 대변하는 역할을 수행했습니다. 1828년 요소를 합성했을 때도 그는 베르셀리우스에게 가장 먼저 편지를 보내 기쁜 소식을 알렸죠.

리비히는 약재상으로 일하던 부친 밑에서 태어났습니다. 그는 어릴 때 학과 공부에서 크게 두각을 드러내지 못했고 결국 아버지는 그를 학교에서 빼내 약사로 훈련받도록 보냈습니다. 이 시기에 화학에 흥미를 갖게 된 리비히는 아버지를 설득하여 화학을 더 공부하기 위해 1820년 본 대학교에 입학합니다. 아버지와 친분이 있었던 화학 교수 카스트너Karl Kastner(1783-1857) 밑에서 공부한 그는 1821년 카스트너가 에를랑겐 대학교로 옮기자 그를 따라 에를랑겐 대학교로 옮겨 갔고 카스트너의 추천으로 1822년 10월부터 파리에 가서 화학을 공부합니다.

리비히는 당시 화학의 중심지인 파리에서 17개월을 머물렀습니다. (리비히는 파리 체류 기간 중인 1823년 6월, 에를랑겐 대학교로부터 박사 학위를 받습니다. 리비히는 박사 학위 논문도 제출하지 않았고 학위 수여식에 참석할 수도 없었지만 지도 교수 카스트너가 그 모든 것을 면제받을 수 있도록 힘을 쓴 덕분에 학위를 받을 수 있었습니다.) 파리 체류 중 리비히는 테나르의 지도를 받아 화학 연구에 매진했고 1823년 뇌산염fulminate에 관한 첫 연구 결과를 발표합니다. 테나르는 리비히를 대신하여 이 결과를 과학 아카데미 모임에서 발표했는데 이때 젊은 리비히의 인간미를 보여 주는 짤막한 촌극이 벌어집니다. 테나르의 발표가 끝나고 한 낯선 신사가 리비히를 찾아왔습니다. 그 신사는 리비히를 저녁 식사 자리에 초대하고 싶다고 말했죠. 리비히는 그 신사가 누구인지 몰랐고 너무 무섭고 부끄러운 나머지 그 저녁 식사에 참석하지 않았습니다. 나중에 알고 보니 그 신사는 알렉산더 훔볼트Alexander von Humboldt(1769-1859)였습니다. 그는 리비히를 자신의 오랜 친구 게이뤼삭에게 소개해 주고자 저녁 식사 자리를 마련한 것이었습니다.

훔볼트는 당시 독일 학계를 대표하는 지식인으로서 세계 곳곳을 탐험하는 박물학자이기도 했습니다. 멀리 아메리카 대륙과 러시아까지 탐험한 그는 당시 유럽에 와 있었는데 그곳에서 젊은 학자들을 발굴하는 데에 관심을 가졌습니다. 그중 한 명이 제네바에서 생리학과 약제학을 공부하고 있던 젊은 화학자 뒤마였습니다. 훔볼트는 제네바에서 뒤마를 만나 그를 파리로 초청했고 뒤마는 1823년 파리로 와서 테나르 밑에서 화학 연구에 매진합니다. 그런 훔볼트가 과학 아카데미 모임에 참석했다가 또 다른 젊은 화학자를 발견한 것이었습니다.

비록 첫 번째 기회는 놓쳤지만 마침내 리비히는 훔볼트의 주선으로 게이뤼삭을 만나게 되었습니다. 그 둘은 순식간에 끈끈한 사제 관계를 형성했습니다. 뵐러와 베르셀리우스의 관계처럼 리비히와 게이뤼삭 역시 서로를 진심으로 아끼는 사이를 이루었지요. 이후 리비히는 언제나 게이뤼삭을 자신의 스승으로 여겼고 게이뤼삭이 세상을 뜰 때까지 깊은 존경심과 우정을 유지했습니다. 1824년 5월, 훔볼트의 추천으로 리비히는 21세의 나이에 기센 대학교의 교수가 됩니다. 게이뤼삭을 만난 지 6주 만에 헤어진 셈이지만 독일로 돌아간 이후에도 리비히는 프랑스 학계와 깊은 관계를 유지합니다. 대학에 입학한 첫 학기부터 프랑스어를 공부한 리비히는 프랑스어를 능숙하게 구사할 수 있었습니다. 이 능력을 활용하여 리비히는 게이뤼삭을 비롯한 프랑스 화학자들과 프랑스어로 서신을 교환했고 논문을 출판할 일이 있으면 프랑스 화학 저널인 《화학 연보Annales de chimie》를 가장 먼저 고려했습니다.

이 시기의 베르셀리우스와 뵐러는 프랑스 스타일의 화학을 싫어했습니다. 리비히의 초기 논문을 두고 베르셀리우스와 뵐러가 나눈 서신을 보면 연구가 빠르지만 불완전하다거나 엉성하다는 평가가 많이 나오고 "부분적인 관찰 결과와 불완전한 분석으로부터 중요한 결론을 서둘러서 도출한다"라는 표현도 사용되었습니다. 뒤마는 더 심한 혹평을 받았습니다. 베르셀리우스는 뒤마를 가리켜 "모든 프랑스인이 그렇듯 뒤마는 발견을 뒤쫓아 다닐 뿐이다"라고 평가했고 깊이 있는 질문을 던지지 않는다고 보았습니다. 뵐러는 베르셀리우스에게 뒤마가 남의 연구를 표절한 것으로 의심되는 여러 연구를 정리한 목록을 보내기도 했습니다.

뵐러와 리비히의 운명은 흥미롭게 겹쳐집니다.[2] 리히비는 파리에서 뇌산 은silver fulminate을 연구했고 뵐러는 스톡홀름에서 시안산 은silver cyanate을 연구했습니다. 각자 무게를 분석한 바에 따르면 두 물질은 동일한 조성으로 구성되어 있었습니다. 다혈질이었던 리비히는 이 결과를 보자마자 뵐러를 강하게 공격했습니다. 반면 차분한 성격의 소유자인 뵐러는 리비히에게 샘플을 보내 직접 확인하게 했죠. 분석을 마친 리비히는 1826년, 뵐러의 분석이 올바르게 수행되었음을 받아들이고 자신의 실수를 인정했습니다. (지난 장에서 살펴본 것처럼 뇌산 은과 시안산 은은 1832년 베르셀리우스에 의해 이성질체로 명명됩니다.) 그리고 뵐러와 리비히는 좋은 친구가 됩니다. 이들은 평생에 걸쳐 1000통 이상의 서신을 교환했고 여러 연구를 함께 수행했습니다. 1829년 리비히가 뵐러에게 쓴 편지에는 심지어 이런 말이 나오죠. "나는 우리의 우정이 우리가 마주친 사소한 충돌로 인해 결코 흔들리지 않을 것이며 여전히 서로를 지지할 것이라 확신한다네." 이후 리비히는 1830년 베르셀리우스를 만나고 역시 좋은 관계를 맺기 시작합니다. 그리고 리비히는 베르셀리우스의 원자량을 받아들여 사용합니다.

마침내 스승을 뛰어넘고

이 시기는 유기물의 조성 분석법이 급속도로 발전하던 시기였습니다. 우리의 주인공들이 바로 그 주역이었죠. 리비히는 1831년 칼리구kaliapparat라는 기구를 발표합니다. (현재 미국 화학회American Chemical Society의 로고 하단에는 이 칼리구의 형태가 삽입되어 있습니다.) 당시 유기 분석법은 주로 시료 내의 탄소와 수소를 산화시켜 이산화 탄소와 물을 얻는 방식이었습니다. 그 결과 시료를 많이 사용하면 기체가 많이 발생하여 수집 및 정량화가 어려웠죠. 따라서 시료를 적게 사용할 수밖에 없었고 이는 정확도의 하락으로 귀결되었습니다. 리비히는 수산화 포타슘KOH과 염화 칼슘$CaCl_2$을 이용하여 이산화 탄소와 물이 발생하는 즉시 반응하여 액체 및 고체상으로 포집되도록 기구를 고안했습니다. 이제 많은 양의 시료를 사용할 수 있었고 정확도도 크게 상승했죠. 뷜러와 베르셀리우스는 이 기구를 보자마자 극찬했습니다. 뒤마는 처음에 이 기구를 평가절하했지만 이내 그 가치를 알아보고 자신도 이 기구를 사용했습니다. 뒤마 자신도 새로운 분석 방법 개발에 관심이 많았습니다. 그는 1826년 기체의 밀도를 정량적으로 결정하는 방법을 개발하고 1833년에는 유기

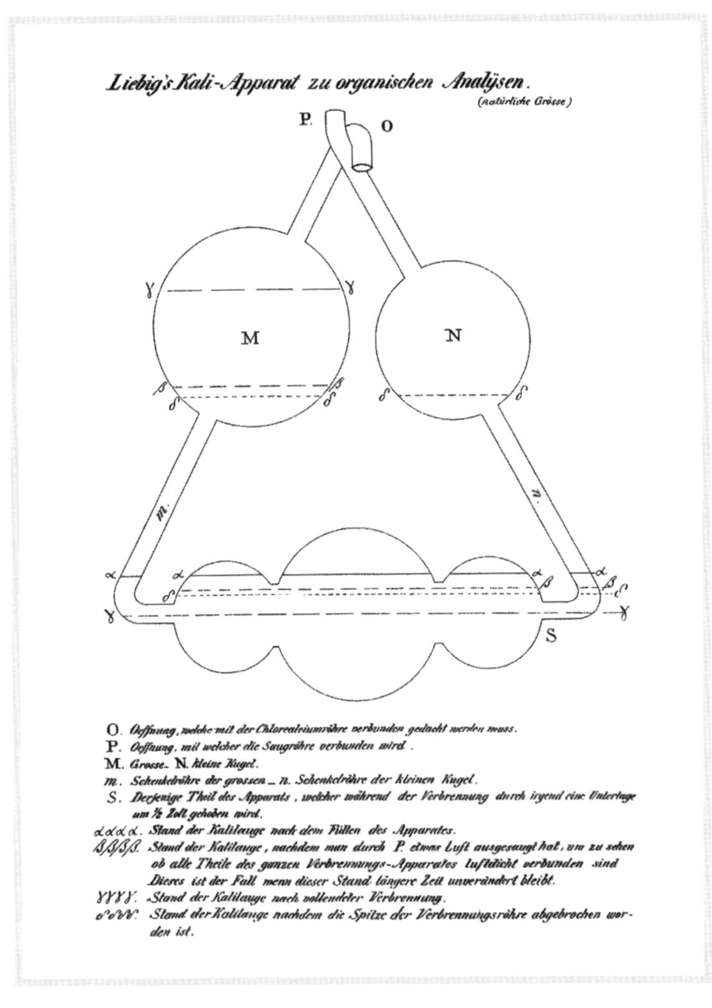

그림 15.1 리비히가 그린 칼리구 실험 도구의 스케치.

물 내 질소의 함량비를 정량적으로 분석하는 방법을 발표했습니다. 이렇게 다양한 분석법의 발전으로 정확한 원소 함량비를 구할 수 있게 되면서 유기화학의 발전은 가속화됩니다.

뵐러와 리비히는 1832년 함께 쓴 논문에서 벤조산benzoic acid, 벤조인benzoin 등의 화합물에서 특정 원자단C_7H_5O이 반복적으로 나타난다는 것을 발견하고 이 원자단을 벤조일 라디칼benzoyl radical로 명명했습니다. '라디칼'이라는 용어는 뿌리를 의미하는 라틴어 'radix'에서 온 말로, 여러 화합물 내에서 변하지 않는 덩어리로 존재하는, 뿌리가 되는 존재라는 의미를 담고 있습니다. 이 연구는 큰 반향을 일으켰고 이후 빠른 속도로 에틸ethyl, 메틸methyl, 아세틸acetyl, 카코딜cacodyl 라디칼 등이 제안되었습니다. 이때는 베르셀리우스의 이원론이 여전히 영향력을 떨치고 있던 때라 사람들은 이 라디칼이 마치 무기 화합물 내 양이온처럼 유기 화합물 내에서 전기적으로 양성을 띤 부분이라고 생각했습니다. 이원론과 라디칼 이론이 결합되자 모든 것이 아름답게 설명되는 것처럼 보였습니다.

하지만 이내 라디칼 이론은 반대에 부딪힙니다. 주된 공격은 뒤마로부터 왔습니다. 먼저 무엇을 라디칼이라고 보아야 하는지가 모호하다는 문제가 있었습니다. 리비히는 에탄올CH_3CH_2OH의 라디칼을 에틸CH_3CH_2로 생각했습니다. 그런데 에탄올에 탈수 반응을 시키면 에틸렌CH_2CH_2이 형성된다는 것이 알려져 있었습니다. 그렇다면 에탄올의 라디칼은 에틸이 아니라 에틸렌이 되어야 하는 것 아닐까요? 라디칼은 무엇을 기준으로 정해야 하는 걸까요? 더 큰 문제는 많은 화합물에서 염소가 수소를 대체할 수 있다는 점이었습니다. 일찍이 1815년에 게이뤼삭이 사이안화 수소HCN에서 염화 사이아노젠$CNCl$을 얻어낸 바 있었고 이후 뒤마는 클로로포름CHCl₃의 수소가 염소로 대체될 수 있음을 발견했습니다. 베르셀리우스의 이원론에서 수소는 전기적으로 양성을 띤 원소로, 염소는 전기적으로 음성을 띤 원소로 분류되어 있었습니다. 만약 염소가 수소를 대체할 수 있다면 그 나머지 부분은 전기적으로 양성일까요, 음성일까요? 이를 설명할 수 없었던 베르셀리우스의 이원론은 큰 곤경에 처하게 됩니다.

1835년, 뒤마의 제자였던 로랑Auguste Laurent(1807-1853)은 라디칼의 개념을 뒤바꾼 새로운 이론을 제시합니다. 그는 나프탈렌naphthalene, C₁₀H₈을 연구하다가 나프탈렌의 일부 수소가 염소, 브로민, 아이오딘 등 할로젠 원소로 대체된 할로젠 유도체들도 나프탈렌과 유사한 성질을 갖는다는 것을 발견했습니다. 그렇다면 이것들 모두를 하나의 그룹으로 묶어 다루는 것이 더 나을 수 있겠죠. 그는 탄소와 수소로만 구성된 나프탈렌을 '근본 라디칼fundamental radical'이라 부르고 그 할로젠 유도체들을 '유도 라디칼derived radical'이라 불러 라디칼 개념을 확장했습니다. 이제 라디칼은 변하지 않는 덩어리가 아니라 '동일한 탄소 틀을 공유하는 유기 물질'을 총칭하는 용어가 되었습니다. 로랑은 이 아이디어를 결정학에서 얻었습니다. 결정 구조에 가장 큰 영향을 미치는 것은 각 원자의 종류가 아니라 원자의 배열이었습니다. 즉 서로 다른 조성으로 구성된 결정이라 하더라도 같은 배열을 이루고 있다면 유사한 결정 구조를 갖게 됩니다. 로랑은 유기 분자 역시 마찬가지라고 추측한 것입니다. 탄소 틀이 동일하다면 설사 수소가 할로젠 원자로 대체된다 하더라도 비슷한 성질을 가지게 될 것이고 이것들은 동일한 종류로 분류할 수 있을 것입니다.

구세대의 저항

뒤마는 로랑의 새로운 이론을 접하고 처음에는 거부했으나 1838년 아세트산CH_3COOH의 수소 세 개를 모두 염소로 치환한 트라이클로로아세트산CCl_3COOH이 아세트산과 유사한 성질을 보이는 것을 발견하고 로랑의 이론을 받아들입니다. 이 이론은 화학 반응에 의해 서로 변환되는 화합물은 같은 수의 원자가 같은 방식으로 결합해 있는, 동일한 '유형'으로 분류할 수 있다는 이론으로 발전하여 유형 이론type theory이라는 이름을 갖게 되었습니다. 서로 결합 방식만 같다면 구성 원자가 전기적으로 양성이든 음성이든 상관없었기 때문에 결국 유형 이론이 널리 받아들여지면서 베르셀리우스의 이원론은 점차 무대에서 밀려나게 됩니다.

리비히의 연구 결과도 유형 이론으로 더 잘 설명할 수 있었고 그도 더 이상 라디칼 이론을 고집할 수만은 없었죠. 하지만 그는 점차 이러한 이론적 논쟁에 피곤을 느꼈습니다. 1839년에 쓴 글에서 그는 이렇게 고백합니다. "새로운 결정 물질을 발견하는 것도 어렵지 않고 그에 대한 정확한 분석을 수행하는 것은 현재로선 심지어 더 쉽다. 하지만 이 물질이 말하게 만들고, 어디서부터 왔는지, 누가 친척인지 자백하게 하는 것이야말로 진짜 문제이다."[3] 결국 리비히는 이후 화학 이론 연구에 관심을 접고 합성 연구를 시작합니다. 사실 이렇게 눈에 보이지 않는 원자나 분자에 대한 고찰을 그만두고 그때까지 개발된 여러 화학 모형을 도구로 삼아 새로운 물질을 합성하고자 하는 방향성은 당시 유럽 화학계 전반에서 관찰되었습니다. 리비히도, 뵐러도, 뒤마도 예외는 아니었죠. 그들 입장에서는 이 모형들이 정말로 옳은지 그른지 따지는 것은 확인이 불가능한(원자는 보이지 않으니까요!) 형이상학적 논쟁에 불과했고 어쨌든 모형들이 실험 결과를 정확하게 설명하고 예측하는 것은 사실이었으니 말입니다.

리비히, 뵐러, 뒤마는 모두 19세기 초중반 화학계를 이끌어 나간 거물이었습니다. 이번 장에서 살펴본 것처럼 이들의 경쟁과 협력으로 당시 화학이 빠르게 발전할 수 있었습니다. 그중에서도 리비히는 '리비히 학파'라 불릴 정도로 많은 수의 제자를 체계적으로 길러냈습니다. 뒤마도 파리에서 유사한 프로그램을 시도했지만 그만큼 성공하지는 못했죠. 결국 리비히 이후 화학의 중심지는 프랑스에서 독일로 옮겨집니다. 다음 장에서는 이 이야기를 조금 더 자세히 해 보겠습니다.

16장

리비히의 왕국,
화학을 확장하다

19세기를 거치면서 유럽 과학의 지형은 많이 변화합니다. 그중 가장 눈에 띄는 것은 독일의 부상입니다. 19세기 초 독일은 프랑스에 한참 뒤처진 나라였지만 19세기 말이 되면 세계 과학을 선도하는 국가로 우뚝 서죠. 통계로 보면 확실하게 알 수 있습니다. 1800-1825년의 기간 동안 프랑스와 독일에서 간행된 화학 논문 수를 비교하면 독일의 논문 수는 프랑스의 절반밖에 되지 않았지만 1870년대가 되면 독일은 프랑스보다 세 배 이상의 화학 논문을 생산해 냅니다. 이러한 변화를 이끈 사람 중 하나가 바로 리비히입니다. 이번 장에서는 이 시기 독일 과학이 급성장한 배경을 살펴본 후 그 과정에서 리비히의 연구

실이 어떠한 역할을 수행했는지 살펴보도록 하겠습니다.[1]

독일 과학은 무엇이 달랐을까

19세기 독일 과학의 발흥은 많은 학자의 관심을 끈 주제입니다.[2] 원래 19세기 초 유럽 과학을 선도한 국가는 프랑스였습니다. 계몽주의에 깊이 경도된 프랑스는 사회의 혼란을 해결할 수 있는 방법에는 합리성에 근거한 과학밖에 없다는 믿음을 가지고 있었고 이를 위하여 정부 차원에서 강력하게 과학을 지원했습니다. 프랑스 정부는 체계적인 과학 교육을 위해 대학 시스템을 개혁했고, 많은 연구소를 세웠으며, 이들 기관에 우수한 실험실과 장비, 자연사 박물관, 천문대 등을 지원했습니다. 이러한 노력에 힘입어 프랑스는 유럽 과학의 선두에 설 수 있었습니다.

하지만 프랑스의 시스템에는 몇 가지 문제가 있었습니다. 먼저 프랑스 정부는 각 대학과 연구소의 목적을 명확히 정했고 같은 목적을 가진 대학과 연구소를 허용하지 않았습니다. 이는 자원을 집중할 수 있다는 장점이 있었지만 한번 기득권을 가진 기관은 현 상황에 안주하고 더 이상 발전하지 못한다는 치명적인 문제가 있었습니다. 또한 당시 프랑스 학계는 다양한 분야를 두루 아는 제너럴리스트generalist를 추구했고 이는 점차 분야별 전문화가 진행되던 당시 과학의 추세에 역행하는 것이었습니다. (과학자scientist라는 단어가 처음 만들어진 것이 1834년입니다. 이후 전문화된 과학 활동에 종사하는 사람을 가리키는 말로 널리 사용되었습니다.)

그러나 무엇보다 과학자 개인에게 가장 치명적인 문제는 대학과 연구소에서 연구자에게 충분한 봉급을 제공하지 않았다는 점이었습니다. 당시 프랑스에서 과학은 수입을 얻기 위한 '천박한' 활동이 아니라 내 돈을 들여서 수행하는 신성한 활동이었기 때문입니다. 그나마 연구하는 직업이 아니라 가르치는 직업인 교수는 봉급을 받았지만 교수 자리는 매우 한정적이었죠. "결론적으로 1850년대에 이르러서도 프랑스에서 과학을 전문 직업으로서 추구한다는 것은 매우 위험한 일이었다. 학문적으로 성공한 사람들도 40대 말이나 50대의 나이에 겨우 교수직에 임명될 수 있었다."[3]

19세기 초 독일의 상황은 어땠을까요? 나폴레옹 전쟁(1803-1815)에서 패배한 독일 역시 대학 개혁을 시도합니다. 그런데 그 방향은 독일의 민족 의식을 고양하는 방향이었고 이에 호응한 '낭만주의자'가 강단을 차지합니다. 그러면서 철학의 위상은 높아지고 경험 과학의 위상은 떨어졌죠. 게다가 강력한 중앙 정부가 없었던 독일 지역의 대학은 정부로부터 막대한 지원도 기대할 수 없었죠. 여러모로 과학이 발전하기 적합한 토양은 아니었습니다.

그런데 흥미롭게도 대학 시스템이 강력한 중앙 집권제가 아니었다는 점이 도리어 이후 독일 과학의 발전에 큰 장점으로

214

작용합니다. 독일에서는 학생이나 교수나 더 나은 대학을 찾아 자유롭게 이동할 수 있었습니다. 따라서 대학은 학문 세계에서 살아남기 위해서 서로 치열한 경쟁을 벌여야 했습니다. 그러다 보니 어떤 한 대학이나 연구소에서 혁신을 이룬다면 다른 대학이 이내 그 혁신을 모방하여 발전시키곤 했습니다. 그 한 예가 일방적 강의 위주의 교육 대신 실험 교육과 세미나가 도입된 것이었습니다. 또한 대학 간 경쟁으로 인해 과학자에 대한 대우도 자연스레 좋아졌습니다. 이제 독일 과학자는 과학을 전문 직업으로 가질 수 있었고 특정 분야의 전문가로 인정받기만 한다면 그 분야에서 뛰어난 사람을 찾는 여러 대학에서 러브콜을 받을 수 있었죠. 그 결과 독일에서는 대학 연구실이 연구 활동의 중심 역할을 수행하면서 과학 발전을 추동할 수 있었습니다.

19세기 화학계의 리더

이러한 배경을 염두에 두고 이제 우리의 주인공인 리비히에게로 돌아가겠습니다. 리비히 이전에도 개인 차원에서 개혁적인 연구실을 시도한 독일 화학자는 많이 있었습니다. 약사를 체계적으로 훈련하기 위해 화학 및 약학 연구소를 설립한 에어푸르트 대학교의 트롬스도르프Johann Trommsdorff(1770-1837), 독일에서 최초로 대학 내 실험 교육을 시작한 괴팅겐 대학교의 스트로마이어Friedrich Stromeyer(1776-1835), 예나 대학교의 되베라이너Johann Döbereiner(1780-1849) 등이 리비히 이전부터 화학 실험실을 성공적으로 운영하고 있었습니다. 리비히는 이들이 일궈놓은 땅 위에 씨를 뿌려 큰 결실을 얻은 것이죠.

1824년 기센 대학교에 부임한 리비히는 실험실 공간조차 없는 비정규 화학 교수였습니다. 다행히(?) 전임자가 요절하면서 1825년 정규 교수로 임명되었습니다만 여전히 실험실 공간은 준비되지 않았죠. 그는 트롬스도르프의 예를 따라 기센 대학교에 화학 및 약학 연구소를 설립해 줄 것을 청원했지만 학교 이사회는 대학은 시민 교육을 하는 곳이지 약이나 비누를 제조하는 데 필요한 기술을 연마하는 곳이 아니라며 해당 청원을 기각했습니다. 결국 리비히는 전임자가 마련한 공간인 오래된 막사에서 1826년 여름 두 명의 조수와 함께 조그만 실험실을 시작합니다. 설립 당시 이 실험실은 당시 일반적인 화학 교수의 실험실과 크게 다르지 않았습니다. 즉 약사의 약제 공간과 비슷한, 소규모 실험을 수행하는 곳으로 교수 개인이 학교의 지원 없이 운영을 책임져야 했습니다. 하지만 그 이후 10년의 시간이 흐르는 동안 리비히와 그의 실험실은 당시 유럽 화학을 선도하는 연구실로 우뚝 서게 됩니다.

리비히의 성공은 그의 탁월한 재능 외에도 몇 가지 요소가 잘 맞아떨어졌기 때문에 가능했습니다. 우선 그가 활동한 시기에 개념적으로 유기 화합물을 이해할 수 있는 틀이 많이 개발되고 있었습니다. 일례를 들어 베르셀리우스가 이성질 현상을 명명한 것이 1830년이죠. 당시 리비히가 연구하던 유기 화합물

중에는 조성이 동일한 분자, 즉 이성질체가 많았는데 이것들을 이해할 수 있는 개념이 만들어진 것입니다. 또한 '종이 도구'인 화학식이 널리 사용되기 시작했습니다. 그전까지는 일일이 화학 반응을 서술하는 식으로 반응을 표현했지만 화학식을 사용하면 복잡한 유기화학 반응을 쉽고 단순하게 표현할 수 있었습니다. 베르셀리우스가 화학식을 발표한 것은 1813년이었지만 1827년을 즈음하여 그 유용성이 증명되었고 그 이후 널리 사용되었죠.

리비히를 화학 세계의 리더로 만들어 준 중요한 요인이 또 하나 있습니다. 리비히는 1832년 학술지를 하나 손에 넣습니다. 《약학 연감Annalen der Pharmacie》이라는 이름의 이 학술지는 이후 리비히의 연구 발표 채널로 활용되었습니다. 리비히와《연감》은 서로 상승 작용을 일으켰습니다. 리비히는《연감》을 통해 손쉽게 자신의 연구를 세상에 선보였고《연감》은 리비히의 명성에 기대어 권위를 쌓을 수 있었습니다. 그 결과 리비히가 이 학술지를 인수한 지 몇 년 만에 이 학술지는 유럽 전역에서 널리 읽히는 주요 학술지로 자리매김합니다. 이 학술지는 1840년 《화학 및 약학 연감Annalen der Chemie und Pharmacie》으로 이름을 바꾸었고 리비히 사후에는 아예《유스투스 리비히의 화학 연감Justus Liebigs Annalen der Chemie》으로 이름을 바꾸었죠.

하지만 리비히가 실험실을 효율적으로 운영할 수 있었던 데에는 마지막 퍼즐 조각이 필요합니다. 바로 리비히 본인이 개발하여 1831년 발표한 칼리구입니다. 칼리구는 간단한 조작으로 신뢰성 있는 조성 분석을 할 수 있게 해 주었으므로 실험자의 손을 타지 않고 일관된 데이터를 얻을 수 있었습니다. 칼리구가 발명되기 전까지 화학자가 유기 물질 연구에서 가장 시간과 노력을 많이 기울인 단계가 조성 분석 단계였음을 고려해 보면 이러한 기구가 화학 연구를 얼마나 효율적으로 만들었을지 상상해 볼 수 있겠습니다.

1830년대 초까지 리비히 실험실의 구성원은 10명을 크게 넘지 못했습니다. 하지만 앞서 살펴본 요인들로 인해 리비히 실험실은 큰 성공을 거둘 수 있었습니다. 리비히는 1831년 클로랄chloral을 발견했고, 1832년에는 뵐러와 함께 벤조일 라디칼을 발견했으며, 1835년에는 알데하이드aldehyde를 발견합니다. 또한 리비히는 연구실의 책임자로서 급속도로 확장하는 연구실을 유지하기 위해 학교 당국과 끊임없이 교섭했습니다. 1833년 다름슈타트로 옮기겠다고 선언한 리비히를 붙잡기 위해 기센 대학교는 그가 원하는 실험실 확장 공사를 해 주어야 했죠.

그렇게 1835년을 전후하여 리비히 연구실에는 큰 변화가 찾아옵니다. 리비히의 높아진 명성 덕분에 이전까지 약학을 전공한 학생이 주를 이루던 실험실에 화학을 전공한 학생이 늘어나기 시작했고 독일 내에서만이 아니라 독일 밖에서도 많은 유학생이 찾아옵니다. 기센 대학교의 공식적인 지원까지 받으며 날개를 단 실험실은 1835년 이후 팀 시스템으로 운영됩니다. 즉 선배 연구자와 학생이 팀을 이루어 새로운 물질을 합성하고 그 조성을 분석하는 것입니다. 이는 화학 교육과 연구를 동시에 진행할 수 있게 해 주는 시스템이었고 연구 성과를 내는 데에도 매우 효율적이었습니다. 그 결과 리비히의 실험실은 짧은 시간 안에 많은 양의 연구 결과를 쏟아낼 수 있었습니다. 이후 리비히 실험실은 급속도로 팽창하여 1843년에 이르면 68명 이상(!)의 학생이 리비히 실험실에 소속되어 있었습니다. 어찌 보면 '공장식' 연구가 이때 시작된 것이라고 할 수도 있겠습니다.

리비히의 교육 방침은 선배 교수들과 조금 달랐습니다. 그는 부임 초기부터 실험 교육을 강조하여 하루 종일 실험을 수행하는 커리큘럼을 제시하기도 했습니다. 그리고 그는 모든 학생에게 연구 경험을 시키는 것을 중요하게 생각했습니다. 그는 본인이 연구하는 주제에서 일부를 떼어 학생에게 주었고 우선 본인이 시도하던 방법론대로 따라 하게 한 뒤 학생이 해당 주제를 더 발전시키도록 지도했습니다. 그리고 학생이 스스로 시도하는 단계에서도 끊임없는 토론과 피드백으로 학생의 성장을 이끌었습니다. (리비히는 1840년을 전후하여 개인적인 연구는 더 이상 진행하지 않고 학생들의 연구를 지도하는 데 전념했습니다.) 이를 통해 학생은 기초적인 실험 기법을 배우는 데에서 출발하여 독립적인 연구자로 성장하는 데까지 체계적인 교육을 받을 수 있었죠. (물론 모든 학생이 다 성공적이었던 것은 아닙니다. 리비히 연구실에 들어온 학생 중 적지 않은 수가 별다른 성과를 내지 못하고 연구실을 떠났던 것으로 보입니다.) 이러한 교육-연구 프로그램이 리비히 연구실의 독특한 시스템이었고 이후 뵐러, 분젠Robert Bunsen (1811-1899), 콜베Hermann Kolbe(1818-1884) 등 독일 내의 연구자

그림 16.1 1840년경 기센 대학교의 리비히 실험실 풍경.

와 영국, 프랑스, 미국의 여러 연구자가 앞다투어 이런 프로그램을 도입합니다. 훗날 리비히는 자신이 부임 초기부터 이렇게 잘 짜인 교육 계획을 가지고 있었던 것처럼 이야기합니다만 실제 기록을 살펴보면 체계적인 시스템은 연구실 팽창 이후에 정착된 것으로 보입니다.[4]

생성과 합성의 근대 화학

리비히는 본래 유기 화합물의 구성 원리를 밝히는 데 관심이 많았습니다. 그러나 지난 장에서도 이야기했듯 1830년대를 지나면서 여러 유기 분자의 작용 원리를 설명하는 데 실패한 그는 점차 회의적으로 변합니다. 그리고 1840년대 초, 리비히는 대신 합성에 초점을 맞추기로 결정하고 연구실의 최정예 멤버를 골라 이 새로운 프로젝트를 맡깁니다. 당시 합성은 상대적으로 간단한 무기 화합물에 대해서만 가능하다고 여겨졌습니다. 그런데 리비히가 최초로 유기화학에 합성을 도입하기로 결정한 것입니다. 이는 그간 유기화학 지식이 충분히 쌓였기 때문에 따라온 귀결이라기보다 조성 분석의 한계를 절감한 리비히가 유기화학의 원리를 탐구하는 새로운 길을 찾은 것이라고 보는 것이 더 좋을 것 같습니다.[5]

'합성Synthese'이라는 단어는 1845년 리비히 연구실에서 나온 논문에서 최초로 사용되었습니다. 이 논문은 리비히의 제자였던 블라이스John Blyth(1814-1871)와 호프만August Wilhelm von Hofmann(1818-1892)에 의해 작성되었는데 이 합성이라는 단어는 단순히 분해의 반대 개념으로 사용되었습니다. "분석과 합성은 동일하게 스타이롤styrole과 메타스타이롤metastyrole이 같은 분율의 조성을 가지고 있음을 보여 준다." 즉 어떤 물질을 쪼개서 그 조성을 밝히는 일인 분석과 구성 물질들을 조합하여 해당 물질을 얻어내는 합성이 유기화학의 원리를 탐구하는 대등한 방법으로 제시되고 있습니다. 오늘날처럼 합성을 통해 완전히 새로운 물질을 만들어 내는 것도 원리상 불가능한 것은 아니었지만 아직 유기화학의 원리가 많이 밝혀져 있지 않았기 때문에 당시 유기화학자들은 큰 기대를 걸지 않았던 것으로 보입니다. 당시 합성 실험은 목표를 두고 차근차근 수행된 실험이었다기보다 적당한 시작 물질로 반응을 시켜 어떤 물질이 나오나 보는 실험에 가까웠습니다. 이를 통해 화학의 원리를 밝히는 게 더 중요한 목적이었던 것이죠. 같은 해인 1845년에 콜베도 아세트산을 합성했음을 보고합니다. 이 논문은 종종 최초의 전합성 논문으로 간주되는데요, 여기서도 콜베는 아세트산을 합성하려고 한 것이 이 연구의 주목적이 아니라 "이황화 탄소를 염소 기체로 분해할 때 생성되는 여러 물질을 탐구하고자 했다"라고 밝힙니다.

하지만 그럼에도 합성 유기화학이 시작되면서 사람들은 그 가치를 금세 알아차렸습니다. 1840년대 화학자들은 '생성화학constructive chemistry'이라는 표현을 사용하여 단순한 물질로부터 복잡한 목표 물질을 만들어 내는 화학을 지칭했고 1860년대 이후로 (오늘날과 마찬가지로) '합성화학'이라는 단어가 널리 사용되었습니다. 19세기 화학 문헌을 분석한 한 연구[6]에 따르면 1820년 기준으로 화학자들이 아는 무기 물질은 1000개 이상 있었지만 유기 물질은 100개가 간신히 넘었습니다. 하지만 합성 유기화학이 등장하면서 유기 물질의 수는 9년마다 두 배로 증가한 반면 무기 물질의 수가 두 배 증가하는 데에는 20년 이상이 걸렸습니다. 그 결과 1860년대가 되면 화학자들이 아는 물질의 99%가 유기 물질로 채워지게 됩니다. 가히 합성 유기화학의 승리라고 할 수 있겠습니다.

이렇게 리비히의 왕국, 그 왕국을 모방한 다른 왕국에서 훈련받은 화학자가 쏟아져 나오면서 19세기 화학은 그 전성기를 구가하게 됩니다. 그리고 비록 리비히와 그의 동시대 화학자는 화합물의 구성 원리를 밝히는 작업에 흥미를 잃었지만 여전히 그 원리를 탐구하고 있던 화학자들도 있었습니다. 그들의 갖은 노력으로 유기 화합물의 구성도 조금씩 설명되기 시작했죠. 다음 장에서 이야기를 이어가 봅시다.

17장

구세대와
신세대의 대결

19세기 초만 해도 유기 화합물을 분류하고 설명하는 일은 요원해 보였습니다. 그러나 1830년을 전후하여 유기 화합물을 높은 정확도로 분석하는 방법이 개발되면서 유기 화합물에 대한 설명도 여럿 등장했습니다. 하지만 이론들은 중구난방이었고 이론으로 설명되지 않는 실험 결과가 계속해서 발견되었습니다. 뵐러는 1835년 유기 이론 연구에 대해 "거의 아무런 길도 나 있지 않은 어두운 숲"과 같다고 고백했죠. 유기 화합물을 체계적으로 분류하는 방법도 다양하게 제안되고 있었지만 깔끔하게 모든 것을 설명할 수 있는 규칙은 없었죠. 로랑은 1844년 난무하는 분류법에 넌더리를 내며 "산은 산이요, 염기는 염기로다. 색을 띠면 염료이고, 그 외에는 아무것도 없다"라는 말을 남겼습니다. 하지만 이런 어두운 시기에도 유기 이론은 조금씩 발전하고 있었습니다. 이번 장은 바로 그 과정을 추적해 보고자 합니다. 먼저 뒤마 이야기를 복습해 봅시다.

치환 이론에서 유형 이론으로

젊은 시절의 뒤마는 유기 화합물의 분류에 큰 관심이 있었습니다.[1] 리비히와 뒤마 등이 개발한 여러 분석법 덕분에 당시 다양한 유기 화합물 내의 원소 질량비 데이터가 빠른 속도로 쌓이고 있었고 뒤마는 이 데이터를 이용하여 유기 화합물을 체계적으로 분류하고자 했습니다. 에터, 아마이드 등 특정한 화합물의 분류에서 시작된 그의 연구는 이내 보편적인 이론 탐구로 확장되었습니다. 그는 전기화학적 이원론에 기반한 라디칼 이론을 이용해 유기 화합물을 설명하려는 시도를 했습니다. 핵심은 유기 물질을 두 덩어리로 쪼개서 이해하는 것으로, 당시 잘 알려진 무기 화합물처럼 전기적으로 양성을 띤 덩어리와 음성을 띤 덩어리가 존재한다고 보았습니다. 이 이론의 귀결은 유기 화합물 내에서 비슷한 성질의 덩어리끼리 치환될 수 있다는 것이었고 뒤마는 실제로 이 원리를 이용하여 여러 실험 결과를 설명했습니다. 이를 치환 이론substitution theory이라 부릅니다. 당시 연구가 잘 정립되어 있었던 무기 화합물의 형성 원리를 많이 차용한 것을 볼 수 있습니다.

그런데 뒤마는 전기화학적 성질이 정반대인 두 원소, 수소와 염소가 아세트산과 트라이클로로아세트산이라는 비슷한 성질의 화합물을 형성한다는 사실을 발견하고는 지금까지의 생각이 틀렸음을 깨닫게 됩니다. 그는 이 내용을 보고하는 1839년 논문에서 다음과 같이 선언합니다. "유기화학에서는 수소의 자리에 동일한 부피의 염소, 브로민, 아이오딘이 도입될 때조차 유지되는 유형types들이 존재한다." 이렇게 유형 이론을 제안한 뒤마는 이내 이론적 논쟁에 흥미를 잃고 1840년경부터 합성 연구로 방향을 전환합니다. 리비히와 뵐러 역시 비슷한 시기에 이론을 포기하죠. 리비히, 뒤마, 뵐러와 같은 화학계의 거장이 속속 이론 연구를 떠나는 와중에도 유기 화합물을 설명하고자 끝까지 남은 사람들이 있었습니다. 뒤마의 제자였던 오귀스트 로랑, 원래 리비히의 제자였지만 리비히의 소개로 뒤마에게 가서 연구를 배운 샤를 게르하르트Charles Frédéric Gerhardt(1816-1856), 뵐러와 로베르트 분젠의 제자였던 헤르만 콜베 등이 그들이었죠. 이들은 유기 화합물을 분류하고 설명하는 일에 스승과는 달리 끝까지 관심을 잃지 않았고 유형 이론의 형성과 발전에 큰 기여를 했습니다.

로랑은 1830년부터 1832년까지 뒤마의 연구실에서 훈련을 받았습니다. 그는 그곳에서 유기 이론 연구를 처음 접하고 깊은 관심을 갖습니다. 이후 독립적인 연구자가 된 로랑은 앞서 살펴본 것처럼 1835년 라디칼을 새롭게 정의합니다. 그는 탄소와 수소로만 구성된 나프탈렌을 '근본 라디칼'이라 부르고 그 유도체를 '유도 라디칼'이라 불러 동일한 탄소 틀을 공유하는 유기 물질들을 하나의 그룹으로 묶었습니다. (이 '라디칼'이라는 단어는 리비히가 정의한 라디칼과 혼동을 일으킬 수 있었으므로 훗날 로랑은 대신 '핵nucleus'이라는 이름을 사용했습니다.) 이로써 덩어리의 치환을 통해 여러 유기 반응을 이해할 수 있게 되었습니다. 이 당시만 해도 로랑은 자신이 전기화학적 이원론을 반박하고 있다고 생각하지 않았습니다. 도리어 확장하고 있다고 생각했죠.

한편 게르하르트는 1838년 뒤마의 연구실에서 최초의 유기 이론 논문을 작성한 후 이론 연구에 흥미를 가졌습니다. 그는 이 시기부터 여러 가지 흥미로운 태도를 보여 주는데요, 먼저 그는 화학을 논하기 위해 화학 외의 다른 학문(예를 들어 물리학)을 도입하는 것을 극도로 싫어했습니다. 이는 물리학과 화학은 별개의 학문이라고 단언한 18세기의 화학자 슈탈의 사상을 떠오르게 합니다. 또한 그는 유기 화합물은 하나의 단위체로 구성된다는 생각을 갖고 있었습니다. 이 단위체의 핵심 요소는 탄소였고 화학 반응은 일부 원자가 치환될 뿐이었죠. 베르셀리우스 이후 많은 화학자가 두 개의 단위를 중심으로 생각했던 것과는 큰 차이라고 할 수 있겠습니다. 거슬러 올라가면 화학 혁명 시기에 합성주의에 밀려났던 연금술의 후예, 요소주의의 부활이라고 볼 수도 있겠습니다. 이러한 게르하르트의 관점은 로랑에게도 많은 영향을 끼칩니다.

새로운 세대가 만개시킨 유형 이론

1839년 앞서 소개한 아세트산의 치환 반응이 알려지면서 로랑의 이론에 따르면 전기화학적 이원론이 설 자리가 없다는 것이 밝혀졌습니다. 수소와 염소가 서로 치환될 수 있다면 무기 화합물에서 적용되는 전하 개념이 여기서는 적용되지 않는 셈이니까요. 로랑과 게르하르트는 1839년경부터 베르셀리우스의 전기화학적 이원론과 더불어 리비히의 라디칼 이론을 적극적으로 공격하기 시작합니다. 라디칼 이론에 대한 그들의 불만은 라디칼이 한 번도 따로 추출된 적이 없고 이론의 편의를 위해 가상으로 만든 것처럼 보인다는 것이었습니다. 로랑은 리비히의 논문에서 111개(!)나 되는 가상의 라디칼을 찾아내고 혀를 내둘렀습니다.[2] 게르하르트는 리비히가 주장한 진정한 라디칼, 즉 반응 전후에 변하지 않는 덩어리는 탄소뿐이라고 선언했습니다. 베르셀리우스와 리비히, 뒤마는 계속해서 이 젊은 유기화학자들의 공격에 대응했지만 점차 무대에서 밀려납니다.

한편 콜베는 1840년대 중반부터 여러 실험 결과를 발표했는데 그는 라디칼 이론에 기반하여 라디칼을 따로 추출하는 데 성공했다고 해석했습니다. 예를 들어 그는 1851년 아세트산을 전기 분해하여 탄소와 수소로만 이루어진 물질을 얻었음을 보고합니다. 그는 메틸 라디칼을 추출해 냈다고 생각했죠. 로랑과 게르하르트는 콜베의 해석에 동의하지 않았습니다. 그들은 콜베의 아세트산 실험에서 실제로 일어난 반응은 카르복시기와 메틸기의 치환 반응이고 콜베가 얻은 물질은 메틸기 두 개가 결합한 물질이라고 보았습니다.

여기서 영국 화학자 윌리엄슨Alexander Williamson(1824-1904)이 등장합니다. 그는 어렸을 적 앓은 병 때문에 오른쪽 눈을 잃었고 왼팔도 자유롭게 쓸 수 없었습니다. 그러나 열심히 노력하여 리비히 밑에서 1845년 박사 학위를 받았고 박사 학위를 받은 이후 프랑스에 가서 3년을 지내며 로랑 및 게르하르트와 교류했습니다. 그리고 당시 사회가 장애에 상당히 부정적이었음에도 불구하고 마침내 1849년, 유니버시티 칼리지 런던의 교수가 됩니다. 이 윌리엄슨은 1850년 새로운 에터 합성법을 발표하는데 이 반응은 서로 다른 두 라디칼을 붙여서 비대칭적인 에터를 만들 수 있는 방법이었습니다. 이는 전기화학적 이원론 대신 로랑-게르하르트 이론의 손을 들어 주는 결정적인 연구였습니다. 이후 5년 동안 로랑-게르하르트 이론으로 설명할 수 있는 많은 실험 결과가 쏟아져 나왔고 1850년대 중반이 되면 이들의 유형 이론은 반박할 수 없는 이론으로 자리를 잡게 됩니다.

1853년, 게르하르트는 유기 화합물에는 다음과 같은 네 가지 유형이 존재한다고 정리했습니다.

물 유형	수소 유형	염산 유형	암모니아 유형
$\left.\begin{matrix} H \\ H \end{matrix}\right\} O$	$\left.\begin{matrix} H \\ H \end{matrix}\right\}$	$\left.\begin{matrix} H \\ Cl \end{matrix}\right\}$	$\left.\begin{matrix} H \\ H \\ H \end{matrix}\right\} N$

그림 17.1 게르하르트가 정리한 유기 화합물의 네 가지 유형.

그는 모든 유기 화합물은 각 유형의 수소를 다른 라디칼로 치환할 때 얻어진다고 보았습니다. 예를 들어 물 유형에서 하나의 수소가 에틸 라디칼C_2H_5로 바뀐다면 에틸 알코올C_2H_6O을 얻을 수 있습니다. 에틸 라디칼 대신 C_2H_3O가 들어온다면 아세트산이 되죠. 또한 두 수소가 다 라디칼로 치환되면 윌리엄슨의 에터 합성을 설명할 수 있습니다. 게르하르트는 여기에 더하여 화학 반응을 설명하기 위해 잔기residue라는 용어를 도입합니다. 두 가지 복잡한 분자가 결합될 때 물처럼 단순한 분자가 하나 빠지면서 두 분자가 결합한다는 것입니다. 그는 단순한 분자가 빠져나가고 남은 부분을 잔기라고 불렀고 두 잔기가 이루고 있는 분자는 단일한 분자가 된다고 보았습니다. (오늘날 이 '잔기'라는 용어는 폴리펩타이드의 단위체를 가리킬 때 사용되고 있습니다.)

여기서 주의할 점은 비록 우리가 알고 있는 분자의 구조식과 유사하지만 이 유형은 실제 분자의 구조를 나타내는 게 아니라는 점입니다. 당시에는 원자의 실재성이 널리 받아들여지지 않았습니다. 게르하르트는 분자의 구성에 대한 신비는 영원히 풀리지 않을 것이라고 보았고 그가 유형 이론을 정리한 목적은 단순히 유기 화합물의 조성을 쉽게 설명하는 것이었습니다. 하지만 유형 이론의 성공을 목도한 사람 중에는 이것이 실제 분자의 구조를 반영하는 것이라고 믿은 사람이 있었습니다. 콜베가 대표적인 인물이었죠. 콜베는 처음 유기 이론 연구에 뛰어들었을 때부터 이 이론이 실재를 반영한다고 믿었고 이러한 믿음 위에서 연구를 지속했습니다. 콜베는 1850년경 범람하던 수많은 라디칼을 더 쪼개서 단순한 라디칼들로 정리했습니다. 예를 들어 그는 아세틸 라디칼C_2H_3를 메틸 라디칼CH_3와 탄소c로 쪼개서 보았고 여기 추가된 탄소 때문에 아세틸 라디칼의 반응성이 나타난다고 보았습니다. 그는 이러한 과정을 거쳐 기본 블록이 되는 라디칼을 정리했고 이 라디칼들이 실제로 분자 내부에 존재한다고 굳게 믿었습니다. 그리고 콜베와 그의 입장에 동의하는 사람들이 이후 유기 이론의 발전을 견인하게 됩니다.

글을 마치기 전에 등장인물 중 한 명과 얽힌 재미있는 번외 이야기를 소개해 드릴까 합니다. 이토 히로부미伊藤 博文(1841-1909)의 대학 전공이 화학, 그것도 분석화학이었다는 사실을 알고 계십니까? 이 이토 히로부미의 지도 교수가 바로 장애를 이겨낸 화학자 윌리엄슨이었습니다. 이토 히로부미는 아직 일본에 쇄국령이 엄중하게 내려져 있던 1863년, 네 명의 동료와 함께 서양 문물을 배우기 위해 몰래 영국으로 떠납니다. 11월 4일에 런던에 도착한 그들은 밀항을 도와준 영국 무역 회사 사장의 소개로 당시 런던 화학회 회장을 맡고 있던 윌리엄슨을 만납니다. 친절하고 겸손한 사람이었던 윌리엄슨은 낯선 이방인을 기꺼이 자신의 집에 묵게 해 주었고 그들이 본인이 재직하는 유니버시티 칼리지 런던에서 입학 시험을 치르지 않고도 수업을 들을 수 있게 행정 절차를 처리해 주었습니다.

다섯 명의 일본인은 분석화학을 전공으로 삼아 수업을 듣기 시작했습니다. 윌리엄슨 교수가 당시 분석화학 교수였기 때문에 자연스러운 선택이었죠. 그런데 이듬해, 런던에서 서양 학문을 만끽하며 즐거운 생활을 하던 이들에게 일본이 위기에 처했다는 소식이 전해집니다. 서양 나라들과 외교적인 마찰이 있었고 심지어 전쟁까지 일어날 수도 있다는 소식이었습니다. 이토 히로부미와 다른 한 명은 즉각 귀국을 결정하여 1864년 7월에 일본에 도착합니다. 반면 나머지 세 명은 남아서 공부를 이어갔고 병사한 한 명을 제외한 나머지는 이후 귀국하여 일본 근대화에 큰 역할을 감당합니다. 그 이후 일본에서는 계속해서 영국으로 유학생을 보냈고 윌리엄슨 역시 일본 유학생과 계속해서 관계를 이어 나갑니다. 비록 이토 히로부미가 이후 화학 지식을 어떻게 써먹었다는 기록은 남아 있지 않지만 재미있는 역사적 사실이 아닐 수 없습니다.[3]

이번 장에서는 유기 화합물을 잘 분류해 보겠다는 열망이 어떻게 라디칼 이론과 유형 이론의 발전으로 이어졌는지를 살펴보았습니다. 특히 이 시기에는 구세대와 신세대의 대결이 상당히 드라마틱하게 드러납니다. 베르셀리우스와 게이뤼삭이 이끄는 세대는 뒤마, 리비히, 뷜러 등이 주도하는 다음 세대와 논쟁 끝에 물러갔고 이 신세대는 다시 구세대가 되어 로랑과 게르하르트의 새로운 세대와 대결을 펼칩니다. 그리고 로랑과 게르하르트는 콜베로 대표되는 그다음 세대와 치열한 공박을 주고받죠. 연금술과 화학은 이렇게 새로운 세대의 물결이 이전 세대를 밀어내며 발전해 왔습니다.

6부

번영하는 화학,
연금술이라는 거울상

18장

1850년대, 실재에 대한 탐구부터 산업적 성공까지

1850년대는 화학사에서 상당히 중요한 시기입니다. 우선 젊은 세대를 중심으로 유기 화합물의 이론이 크게 발전했습니다. 이 시기에 정립된 화학 지식과 화학자들 사이의 교감에 기반하여 1860년에 최초의 화학 국제 회의인 카를스루에 회의Karlsruhe congress가 열렸습니다. 또한 이 시기는 합성화학이 산업적인 가능성을 보여준 시기이기도 합니다. 합성화학은 염료 산업의 발전을 견인했고 화학이 '새로운 분자를 만들 수 있는' 학문으로 그 가치를 보여 주는 데 기여했습니다. 마지막으로 훗날 물리화학의 모태가 되는 열화학thermochemistry이 그 체계를 만들기 시작한 시기이기도 합니다.[1] 그 외에도 많은 성취가 있었지만 이번 장에서는 이 세 가지 주제를 중심으로 1850년대 화학의 발전상을 살펴보도록 하겠습니다.

케쿨레, 원자가, 구조 이론

우선 1850년경 화학계의 분위기를 짚고 넘어가겠습니다. 1840년대까지 유기 화합물 연구가 빠른 속도로 진행되었고 지금까지 살펴본 것처럼 여러 이론이 등장했습니다. 리비히를 비롯한 구세대 화학자는 라디칼 이론에 만족한 채 합성을 통해 유기화학 연구를 수행하고 있었지만 더 나은 이론을 두고 치열하게 토론하던 젊은 화학자 사이에서는 유형 이론이 널리 유행하고 있었지요. 재미있는 것은 이 두 이론이 유기 화합물의 구조에 대해 주장하는 바는 전혀 달랐지만 예측이나 설명에서는 비슷한 결과를 주는 경우가 많았다는 것입니다. 리비히는 게르하르트에게 쓴 편지 속에서 게르하르트의 최신 연구를 언급하며 이런 말을 남겼습니다. "완전히 정반대인 두 이론이 하나의 합성에서 만난다는 것이 참 이상합니다."[2] 실제로 대부분의 화학자는 그때그때 편리한 설명을 취해서 자신의 실험 결과를 설명하곤 했습니다. 다시 한번 연금술사의 후예인 화학자들의 실용주의를 엿볼 수 있습니다.

이 시기 화학계에 등장한 중요한 개념은 바로 원자가valence입니다. 1850년이 넘어가면서 젊은 화학자들을 중심으로 각 원자가 다른 원자나 라디칼과 이룰 수 있는 결합의 수가 정해져 있다는 생각이 등장합니다. 이는 유형 이론의 귀결이었습니다. 유형 이론에 따르면 유기 화합물은 물 유형, 암모니아 유형처럼 유형으로 분류할 수 있습니다. 여기서 물 유형은 산소 원자 하나에 수소 원자 두 개가 결합한 형태를 기본으로 하여 수소 원자가 다른 원자나 라디칼로 대체된 분자들을 가리킵니다. 그렇다면 산소 원자는 본래 두 개의 원자 혹은 라디칼과 연결될 수 있는 성질을 가지고 있는 게 아닐까요? 1851년 윌리엄슨은 산소는 정확히 두 개의 원자나 라디칼과 연결될 수 있다는 생각을 발표했고 이를 이어받아 1854년 케쿨레August Kekulé(1829-1896)는 산소나 황이 '이중 염기성dibasicity'을 띤다는 이론을 제시합니다. 이는 산소나 황이 수소 두 개와 결합한다는 표현으로, 오늘날의 용어로 이야기하자면 2의 원자가를 갖는다는 의미가 되겠습니다. 뷔르츠Charles Adolphe Würtz(1817-1884)는 1855년 질소가 유사하게 삼중 염기성을 띤다고 발표했습니다.

이러한 분위기의 정점을 찍은 것이 1858년 발표된 케쿨레의 논문입니다. 이 논문에서 케쿨레는 탄소가 네 개의 원자 혹은 라디칼과 결합한다는 개념을 제안했고 이를 '4원소성tetratomic'이라고 불렀습니다. 그리고 이 개념에 기반하여 탄소와 탄소가 연결된 사슬이 유기 화합물의 골격을 형성하고, 산소나 질소 같은 다른 원자들은 그 안에서 특정한 위치를 점유하여 라디칼을 만들며, 마지막으로 남은 빈자리는 수소 원자가 채우고 있다는 주장을 펼쳤습니다. 이는 화합물 내의 원자가 실재

산소의 원자가 = 2	질소의 원자가 = 3	탄소의 원자가 = 4
H H }O	H H H }N	H H H H }C

그림 18.1 유형 이론의 표현법으로 나타낸 산소, 질소, 탄소의 원자가 개념.

하고 이것들이 서로 연결되어 특정한 구조를 만든다는 중요한 함의를 내포하고 있었습니다. 따라서 케쿨레의 이론을 가리켜 '구조 이론structural theory'이라 부를 수 있겠습니다. [같은 해에 쿠퍼Archibald Scott Couper(1831-1892) 역시 탄소의 원자가가 4라는 가설을 발표했지만 안타깝게도 큰 주목을 받지 못했습니다.]

구조 이론은 나이에 따라 상반된 반응을 낳았습니다. 1858년 당시 40세가 안 된 젊은 화학자들은 구조 이론에 열광한 반면 40세가 넘은 화학자들은 케쿨레의 이론을 무시했습니다. 리비히, 뵐러, 뒤마 모두 별다른 관심을 보이지 않았습니다. 특히 탄소 원자가 서로 연결되어 있다는 개념은 당시 화학자에게 받아들이기 어려운 개념이었고 어떠한 실험으로도 증명할 수 없는 가설에 불과했기 때문에 그저 색다른 아이디어 정도로 치부되었죠. 리비히는 이러한 논란 속에서 이런 말을 남겼습니다. "오직 [관측] 사실만이 참이고 사실 사이의 관계를 설명하는 것은 그저 참에 가까울 뿐이다."[3] 언뜻 보면 과학적 사고를 담담하게 나타낸 표현 같지만 탄소 사슬 개념에 대한 노과학자의 불편함을 에둘러 표현한 것이죠.

화학이 산업에서 자신의 능력을 증명하다

1858년은 화학계에서 다른 의미로도 중요한 해입니다. 앞에서 리비히가 1840년 이후 이론에 흥미를 잃고 합성화학 연구에 매진했다는 이야기를 했었죠. 리비히 실험실에서 당시 합성화학 연구를 주도한 학생 중 한 명으로 호프만이 있었습니다.[4] 그는 리비히의 총애를 받은 학생으로 1841년 리비히 밑에서 박사 학위를 받았으며 1845년 최초의 '유기 합성' 논문을 발표합니다. 그는 같은 해 영국의 왕립 화학 칼리지Royal College of Chemistry의 책임자로 임명되었고 이후 타르와 석탄에서 추출된 유기 화합물을 연구했습니다. 여기까지는 흔한 화학자 이야기인 것 같지만 이후 흥미로운 사건이 일어납니다.

1856년 호프만의 학생인 윌리엄 퍼킨William Perkin(1838-1907)이 타르에서 추출된 아닐린을 산화시켜 보랏빛 물질을 얻는 데 성공합니다. 이 물질은 염료로서 뛰어난 성질을 가지고 있었습니다. 퍼킨은 바로 그 상업적 가치를 알아보았고 호프만의 반대에도 불구하고 이 물질을 특허로 등록했습니다. 그리고 큰 공장을 세워 1858년부터 대량생산을 시작했습니다. 1859년 '모브mauve'라는 브랜드로 명명된 이 물질은 유럽 패션업계를 강타했습니다. 싸고 질 좋은 보랏빛 염료를 찾아 헤맨 패션업계 종사자는 너나 할 것 없이 이 염료를 사용했죠. 퍼킨은 어마어마한 돈을 벌었습니다. 그리고 타르 염료 산업이 본격적으로 시작되었습니다. 순수 화학 연구가 대규모 산업으로 응용된 역사상 첫 번째 예이자 합성화학의 능력을 사회에 명백하게 보여준 첫 번째 예라고 할 수 있겠습니다. (이 명제는 다소 조심스럽게 받아들여져야 합니다. 그 이전에도 화학자들은 화학의 산업적 응용에 많은 관심을 가지고 있었습니다. 호프만 본인이 리비히 밑에서 공부할 때 리비히의 명령을 받아 염료 연구를 수행한 적이 있습니다. 여기서 강조하고자 하는 바는 '대규모 산업으로 응용'된 첫 번째 예라는 점입니다.)

1858년 호프만 역시 아닐린에서 붉은색 물질을 얻는 데 성공합니다. 호프만은 영국과 프랑스의 회사와 협력하여 이 물질을 염료로 개발했고 '크림슨crimson'이라는 이름을 붙입니다. 모브의 인기는 몇 년 못 가 시들었지만 크림슨은 그보다 오랜 기간 사랑을 받았습니다. 호프만은 연구를 계속하여 다양한 색상의 염료를 개발했고 이후 10년 이상 염료 산업의 발전을 이끌었습니다. 1862년 런던 국제 박람회에서 호프만의 염료는 대성공을 거두었습니다. 그의 전시장에는 다양한 색으로 염색된 옷감이 펼쳐져 있었고 각 옷감 옆에는 해당 염료가 결정 상태로 담겨 있었습니다. 그리고 전시장 중앙에는 이 모든 염료의 원천이 된 시꺼멓고 끈적끈적한 타르가 전시되어 강렬한 인상을 주었습니다.[5]

여기서 호프만이나 퍼킨의 연구는 구조 이론과 별 상관이 없었다는 점을 생각해 보면 좋겠습니다. 이들은 리비히의 합성화학을 따르는 자로서 분자의 특별한 내부 구조를 가정하지 않고도 합성을 통해 지식을 축적하는 데에 관심이 있었습니다. 퍼킨이 퀴닌quinine을 합성하려다 우연히 모브 염료를 발견했다는 서술이 많이 퍼져 있습니다만 실제로 퍼킨의 발견은 당시 합성화학이 추구하던 바에서 크게 벗어나지 않았습니다. 즉 퍼킨은 어떤 이론에 의지해 결과를 정확히 예측하고 합성을 시도한 것이 아니라 특정 조건에서 이런저런 물질을 섞으면 어떤 결과가 나올지 탐구하고 있었던 것이죠. 따라서 퀴닌을 '목표'로 합성을 시도했다는 서술은 다소 오해의 소지가 있습니다. 이와 같이 합성화학의 성공이 깊은 이론적 이해 없이 이루어졌다는 사실은, 1850년대의 화학처럼 충분히 발전한 학문이라면 서로 다른 접근법과 철학을 가지고도 다양한 성과를 이룰 수 있음을 보여 줍니다.

열화학의 등장과 열역학과의 만남

한편 당시 화학계에는 조금 다른 관점으로 화학 반응에 접근하려는 사람들이 있었습니다. 바로 화학 반응에서 발생하거나 흡수되는 '열'을 탐구하는 연구자였죠. 일찍이 라부아지에가 라플라스와 함께 열량계를 개발하여 정량적으로 반응열을 측정하려고 한 이후, 화학계에서는 열의 존재가 거의 무시되어 왔습니다. 60년 만에 이 관심을 되살린 것이 1840년대에 활동한 화학자 헤스Germain Henri Hess(1802-1850)입니다. 헤스는 당시 과학의 변방이었던 러시아에서 활동한 사람으로, 베르셀리우스를 한 번 만난 것 외에는 주류 화학자와의 교류가 별로 없었습니다. 어쩌면 그랬기 때문에 당시 젊은 화학자들이 열광적으로 뛰어든 유기화학 연구가 아닌 다른 연구를 했던 것인지도 모릅니다.

헤스는 1839년부터 1842년까지 출판된 일련의 논문을 통해 새로운 관점을 제시합니다. 그는 여기서 열화학이라는 용어를 처음으로 도입했고 1840년 논문에서는 본인의 실험 결과를 종합하여 "화합물이 어떻게 형성되든 그 형성 과정에서 발생하는 열의 총량은 항상 같다"라는 공리를 제시합니다. 바로 오늘날 '헤스의 법칙'으로 알려진 법칙입니다. 흥미로운 것은 이 내용이 열역학에서 에너지 보존 법칙이 처음 발표되기도 전에 출판되었다는 점입니다. 따라서 헤스가 열역학의 발전에 영향을 받았다고 보기는 어렵고 헤스의 연구는 라부아지에 때부터 내려오는 '보존'이라는 개념을 확장한 시도이자 리히터가 했던 것처럼 화학을 수학화하려는 노력으로 볼 수 있겠습니다.

같은 시기에 물리학계에서는 열역학이 그 뼈대를 갖춰 나가고 있었습니다.[6] 현대 열역학의 효시는 카르노Sadi Carnot(1796-1832)의 1824년 논문이라 할 수 있습니다. 그는 이 논문에서 열원에서 얻을 수 있는 일의 양이 얼마나 되는지 계산하고자 했습니다. 하지만 이 논문은 학계에 알려지지 않았고 1834년 클라페이론Émile Clapeyron(1799-1864)이 엄밀한 미적분학을 사용해 열기관에 관한 이론을 정리할 때에 와서야 다시 빛을 보게 됩니다. 카르노와 클라페이론은 둘 다 엔지니어였습니다. 그들은 경험적으로 열기관의 열효율이 100%가 될 수 없음을 알고 있었고 이에 기반하여 고온에서 저온으로 열이 흐를 때 일을 할 수 있는 양이 한정되어 있음을 수학적으로 입증했죠. 모든 열이 일로 변환되는 것은 아니었습니다.

열과 일이 동등하다고 믿었던 물리학자도 있었습니다. 마이어Julius Mayer(1814-1878)는 1842년 열이 일로 변환될 수 있다는 주장을 처음 발표했고 1845년에는 열과 일이 '힘'의 두 가지 형태라고 주장했습니다. (아직 에너지라는 용어가 등장하기 전이므로 여기서 '힘'이라는 용어는 에너지의 의미로 사용되었다고 보면 되겠습니다.) 줄James Joule(1818-1889)은 1843년 일과 열이 서로 변환 가능하다는 것을 실험을 통해 입증했고 1845년에는 영국 과학 진흥 협회의 화학 분과 모임에서 열의 기계적 당량을 어떻게 측정할 수 있는지 발표했습니다. (이 내용이 화학 분과 모임에서 발표되었다는 것은 헤스의 연구 이후 화학자 사이에 열에 대한 관심이 살아났음을 보여줍니다.) 헬름홀츠Hermann von Helmholtz(1821-1894)는 1847년 에너지의 총량이 보존된다는 에너지 보존 법칙을 처음으로 정리하여 발표했습니다.

즉 1840년대에는 열역학을 연구하는 학자 사이에서 열과 일의 관계에 대한 두 가지 입장이 상충하고 있었습니다. 열이 일로 완전히 변환될 수 있다는 마이어, 줄, 헬름홀츠의 입장과 그렇지 않다는 카르노, 클라페이론의 입장이 그것입니다. 논란이 지속되던 와중에 1850년, 클라우지우스Rudolf Clausius(1822-1888)가 이 두 입장을 화해시킨 논문을 발표하죠. 클라우지우스는 여기서 에너지 보존 법칙은 첫 번째 법칙으로,

"열을 일로 100% 바꿀 수 있는 방법은 없다"라는 명제는 두 번째 법칙으로 정리하고 이에 기반하여 두 입장을 모두 포함하는 이론 체계를 정립합니다. 톰슨William Thomson(1824-1907) 역시 1851년 비슷한 이론을 발표했습니다. 이후 열역학은 빠른 속도로 정리되었고 그 근간에 있는 '에너지' 개념은 물리학계에서 대대적으로 유행하게 됩니다. 기존의 물리학도 전부 에너지 개념을 중심으로 다시 쓰이죠.

1850년대 화학계는 헤스의 연구와 열역학의 발전이라는 배경 아래 열화학 연구가 활발히 시작되던 시기입니다. (안타깝게도 헤스 본인은 1850년 48세의 나이로 요절했기 때문에 이 시기의 발전을 직접 볼 수 없었습니다.) 이 시기의 화학자들은 화학 반응에서 방출되거나 흡수되는 열을 측정하여 데이터를 모았고 이 데이터를 체계적으로 설명하는 열역학 이론도 고민했습니다. 나아가서는 이 반응열의 근원을 설명해 보려고 노력했죠. 예를 들어 1851년에는 화학 반응에 수반되는 열의 양이 온도에 따라 달라진다는 사실이 실험적으로 밝혀졌고 1858년 물리학자 키르히호프Gustav Kirchhoff(1824-1887)가 열역학 법칙을 이용하여 이 사실을 수학적으로 증명합니다. 이 시기의 열화학자는 반응열이 구성 성분 사이의 화학적 친화도에서 기인한다고 생각했습니다. 예를 들어 단순하게 분해 반응에서는 열이 방출되고 결합 반응에서는 열이 흡수된다고 믿었죠.

열화학의 발전은 유기화학의 발전과는 다소 다른 양상을 띱니다. 열화학은 태생적으로 열역학과 밀접한 관련이 있었기에 동시대에 발전하던 유기화학과는 달리 물리학의 영향을 크게 받았습니다. 예를 들어 엔트로피 개념이 열역학에서 등장하자 열화학자들은 그 개념을 화학 반응에 적용해 보려고 애썼습니다. 유기화학과 열화학은 그 중심 철학에도 차이가 있었습니다. 유기화학자는 (그 실재성을 어디까지 인정하느냐와는 별개로) 원자 개념을 중심으로 화학 반응을 이해했습니다. 반면 열화학자는 에너지 개념을 중심으로 화학 반응을 이해했죠. 이는 훗날 원자론자와 반원자론자 사이의 논란에 큰 영향을 미치게 됩니다.

1858년은 케쿨레가 탄소의 원자가 논문을 발표한 해이자 퍼킨이 모브 염료를 대량 생산한 해이고 키르히호프가 반응열의 온도 의존성을 수식으로 유도한 해입니다. 1850년대 화학의 풍경은 이처럼 다채로웠습니다.

19장

카를스루에 회의, 화학 최초의 국제 학술 대회

1860년 9월 3일, 독일의 휴양 도시 카를스루에에 140명의 화학자가 모였습니다. 이들은 이곳에 2박 3일 동안 머물면서 당시 화학계에 혼란을 일으키고 있는 여러 주제에 대해 토론했습니다. 바로 훗날 카를스루에 회의로 불리는, 화학계 최초의 국제 학술 대회입니다. 카를스루에 회의가 당시 화학계에 어떠한 영향을 미쳤는지에 대해서는 사학자마다 다양한 의견을 가지고 있습니다만 그 상징성이 크다는 데에는 이견이 없습니다. 이번 장에서는 카를스루에 회의의 배경과 그 경과를 살펴보고 카를스루에 회의가 미친 영향을 정리해 보겠습니다.[1]

혼란을 끝낼 토론을 계획하다

1850년대까지 화학은 눈부신 발전을 이룩했습니다. 특히 유기화학 분야를 중심으로 다양한 이론이 등장했고 실험 기법 역시 고도로 정교해졌죠. 하지만 놀랍게도 그 기초를 살펴보면 깔끔하게 합의된 체계가 없는 상황이었습니다. 우선 '원자', '분자', '당량' 등의 용어가 비슷하면서도 다른 개념을 가리키는 데 혼용되고 있었습니다. 예를 들어 뒤마는 연구 초기에 원자와 분자를 엄밀하게 구분하지 않고 그저 기본 입자를 가리키는 용어로 사용했으며 라디칼의 치환 개념이 확립된 다음에는 당량이라는 용어를 사용했습니다. 1842년 게르하르트가 최초로 오늘날과 같은 의미로 원자와 분자를 구분해서 사용했으나 그러한 구분법이 바로 전체적인 동의를 얻지는 못했습니다. 그 결과 그 이후에도 학자마다 조금씩 다른 의미로 각 용어를 사용했습니다.[2]

더 심각한 문제는 원자량이었습니다. 1850년대에도 화학자마다 다른 기준을 따르고 있었습니다. 간단한 예로 물을 생각해 보겠습니다. 돌턴은 최대 단순성 규칙을 따라 수소와 산소가 1:1로 결합하여 물을 만든다고 생각했고 산소 원자량이 수소 원자량의 여덟 배라고 가정하여 HO라는 식을 제안했습니다. 리비히와 뒤마는 이 식을 따랐습니다. 베르셀리우스는 이에 동의하지 않았고 산소가 수소보다 16배 무겁다고 생각했습니다. 그는 $\overline{HO}$라는 식을 사용했는데 여기서 취소선은 동일한 원소에 대해 두 개의 원자가 포함되어 있음을 나타냅니다. 즉 취소선을 안 쓰는 표기법을 따른다면 H_2O와 같이 쓸 수 있습니다. 이후 화학자들은 대부분의 반응에서 기체 물(수증기)이 항상 두 부피씩 발생된다는 것을 발견했고 일부 화학자는 이 사실을 반영하여 물을 H_4O_2와 같이 표기하기도 했습니다.

여기에 더하여 분자를 어떻게 이해하느냐에 따라 표기법이 무척 다양해질 수 있었습니다. 특히 유기 화합물의 경우 그 문제가 심각했죠. 일례로 케쿨레가 1861년 출판한 교과서에서는 아세트산의 화학식으로 19가지를 소개하고 있습니다. 설령 돌턴의 원자량을 따라 아세트산의 실험식을 $C_4H_4O_4$로 동일하게 쓴다 해도 전기적 이원론을 따르는 경우, 라디칼 이론을 따르는 경우, 유형 이론을 따르는 경우에 따라 서로 다른 표기법을 사용했고 동일한 이론 안에서도 분자를 어떻게 나누어 이해하느냐에 따라 표기법이 크게 달라질 수 있었습니다. 물론 화학자별로 사용하는 용어와 원자량, 표기법에는 일관성이 있었기 때문에 각 연구실 내의 연구는 체계적으로 진행될 수 있었습니다만 서로 다른 전통에 속한 화학자끼리 소통하는 데에는 혼란이 있을 수밖에 없었습니다.

이러한 문제를 인식한 케쿨레는 동료 화학자 두 명과 함께 국제 회의를 기획합니다. 1859년 겨울, 케쿨레는 유명한 화학자들에게 서신을 보내 회의에 대한 아이디어를 알렸고 많은 지지를 받았습니다. 이에 그는 1860년 7월, 이 회의에 대한 공식적인 초청장을 전 유럽에 발송했습니다. 초청장은 영어, 프랑스

$$C_4H_4O_4 \quad . \quad . \quad . \quad . \quad . \quad \text{empirische Formel.}$$

$$C_4H_3O_3 + HO \quad . \quad . \quad . \quad \text{dualistische Formel.}$$

$$C_4H_3O_4 \cdot H \quad . \quad . \quad . \quad . \quad \text{Wasserstoffsäure-Theorie.}$$

$$C_4H_4 \quad + O_4 \quad . \quad . \quad . \quad . \quad \text{Kerntheorie.}$$

$$C_4H_3O_2 + HO_2 \quad . \quad . \quad . \quad \text{Longchamp's Ansicht.}$$

$$C_4H \quad + H_3O_4 \quad . \quad . \quad . \quad \text{Graham's Ansicht.}$$

$$C_4H_3O_2 \cdot O + HO \quad . \quad . \quad . \quad \text{Radicaltheorie.}$$

$$C_4H_3 \cdot O_3 + HO \quad . \quad . \quad . \quad \text{Radicaltheorie.}$$

$$\left.\begin{array}{l} C_4H_3O_2 \\ H \end{array}\right\}O_2 \quad . \quad . \quad . \quad . \quad . \quad \text{Gerhardt. Typentheorie.}$$

$$\left.\begin{array}{l} C_4H_3 \\ H \end{array}\right\}O_4 \quad . \quad . \quad . \quad . \quad . \quad \text{Typentheorie (Schischkoff etc.)}$$

$$C_2O_3 + C_2H_3 + HO \quad . \quad . \quad \text{Berzelius' Paarlingstheorie.}$$

$$H\,O \cdot (C_2H_3)C_2, O_3 \quad . \quad . \quad . \quad \text{Kolbe's Ansicht.}$$

$$H\,O \cdot (C_2H_3)C_2, O \cdot O_2 \quad . \quad . \quad . \quad \text{ditto}$$

$$\left.\begin{array}{l} C_2(C_2H_3)O_2 \\ H \end{array}\right\}O_2 \quad . \quad . \quad . \quad \text{Wurtz}$$

$$\left.\begin{array}{l} C_2H_3(C_2O_2) \\ H \end{array}\right\}O_2 \quad . \quad . \quad . \quad \text{Mendius.}$$

$$\left.\begin{array}{l} C_2H_2 \cdot HO \\ HO \end{array}\right\}C_2O_2 \quad . \quad . \quad . \quad \text{Geuther.}$$

$$C_2\left\{\begin{array}{l} C_2H_3 \\ O \\ O \end{array}\right\}O + HO \quad . \quad . \quad \text{Rochleder.}$$

$$\left(C_2\frac{H_3}{CO} + CO_2\right) + HO \quad \text{Persoz.}$$

$$C_2\left\{\begin{array}{l} C_2\left\{\begin{array}{l} O_2 \\ H_2 \end{array}\right. \\ H \end{array}\right. \\ \underline{\quad\; H \quad\;}\; \Big\}O_2 \quad . \quad . \quad . \quad \text{Buff.}$$

그림 19.1 케쿨레가 정리한 아세트산의 19가지 표기법.

어, 독일어로 작성되었습니다. 초청장의 마지막에는 회의를 지지하는 화학자 45인의 서명을 수록했는데 그중에는 리비히, 뷜러, 뒤마, 분젠, 윌리엄슨, 호프만 등 당시 유럽을 대표하는 쟁쟁한 화학자가 다수 포함되어 있었습니다. 이 초청장에서 케쿨레는 원자, 분자, 당량 등의 개념, 입자의 정확한 당량과 화학식, 합리적인 표기법 등을 논의하자고 말하면서 이 회의에서 대번에 확실히 결론이 나리라고 기대하지는 않지만 최소한 많은 오해를 제거하고 여러 부분에서 합의점을 찾을 수 있을 것이라는 희망을 표현합니다.

이 모임을 계획하면서 케쿨레는 뚜렷한 그림을 머릿속에 가지고 있었던 것 같습니다. 케쿨레는 단순히 자유 토론만으로는 결론이 나지 않을 것을 알았고 최종적으로는 투표를 통해 한 가지 안을 결정할 계획이었습니다. 또한 회의 진행을 담당할 의장을 따로 선출하지 않고 순서마다 좌장을 결정하기로 했습니다. 의장 선거를 별도로 진행하게 되면 선거에서 떨어진 사람이 불쾌해질 수 있을 뿐 아니라 의장의 독단을 막기 어려워 보였기 때문입니다. 마지막으로 참석자 모두에게 발언권을 주는 것은 시간의 효율성 측면에서 바람직하지 않으므로 토론자를 몇 명 선정하여 토론을 주도할 수 있도록 했습니다. 특히 이들 토론자는 각 국가를 대표하는 젊고 열정적인 화학자로 뽑아서 새로운 세대의 입장을 많이 반영하고자 했습니다.[3]

초청장에 호응한 화학자들이 9월 3일 카를스루에로 모여들었습니다. 초청장에 서명한 45명 중 실제로 카를스루에에 온

250

사람은 스무 명이었고 이들을 포함하여 총 140명의 화학자가 자리에 함께 했습니다. 회의의 공식 언어는 따로 기록이 남아 있지 않으나 회의록이 프랑스어로 기록된 것을 보면 대부분 프랑스어로 진행되었던 것 같습니다. 당시 유럽의 화학자는 대개 프랑스어, 독일어, 영어를 어느 정도 구사했기 때문에 의사소통에 큰 문제는 없었을 것입니다.

계획은 계획일 뿐, 화학자들의 좌충우돌

아침 9시, 카를스루에 회의의 현지 주최자인 벨친Karl Weltzien (1813-1870)의 환영사를 첫 순서로 일정이 시작되었습니다. 벨친은 분젠에게 첫 좌장을 맡아 달라고 했지만 분젠은 거절했고 벨친이 그대로 좌장을 맡았습니다. 이 시간에는 다섯 명의 토론자를 선출했습니다. 이들의 이름과 출신 지역은 다음과 같습니다. 뷔르츠(프랑스 파리), 슈트레커Adolph Strecker(1822-1871, 독일 튀빙엔), 케쿨레(벨기에 겐트), 로스코Henry Roscoe(1833-1915, 영국 맨체스터), 쉬시코프Leon Schischkow(1830-1907, 러시아 상트페테르부르크). 케쿨레의 계획대로 다양한 국가 출신의 젊은 화학자가 토론자로 뽑힌 것을 볼 수 있습니다. 이어 케쿨레가 총회에서 논의할 문제를 미리 준비할 위원회를 조직하자는 의견을 냈습니다. 이후 오전 11시, 케쿨레를 비롯해 9명의 위원으로 구성된 위원회가 모여 총회에서 논의할 문제를 선정했습니다.

1) 분자와 원자라는 표현 사이의 구별을 두어야 하는가?

2) 복합 원자라는 표현은 지양하고 라디칼이라는 표현으로 대신해야
   하는가?

3) 경험적인 개념인 당량 개념은 [추상적인 개념인] 분자 및 원자의
   개념과는 구별되어야 하는가?

위원회는 그 외의 질문을 정하려 했으나 결론을 내지 못했고 이렇게 세 개의 질문을 정리하여 다음 날 아침 총회에서 발표합니다. 첫 번째 질문에 대해 케쿨레가 먼저 말을 꺼냈습니다. 그는 기체, 액체, 고체로 존재하는 물리적 분자와 화학 반응에서 최소 단위로 존재하는 화학적 분자를 구분하고 원자가 조합되어 화학적 분자를 이룬다는 의견을 제시했습니다. 이어 칸니차로Stanislao Cannizzaro(1826-1910)가 물리적 분자와 화학적 분자의 구분은 필요 없다는 의견을 냈습니다. 다음으로 뷔르츠가 발언권을 얻어 자신은 케쿨레의 의견에 동의하지만 이 문제는 당장 결론을 낼 수 없으니 추후에 더 논의해 보자고 말합니다. 이어 밀러William Miller(1817-1870)가 두 번째 질문에 대한 의견을 제시합니다. 그는 단순한 원자와 복합 물질의 원자를 구분해야 하므로 '복합 원자'라는 표현은 유지해야 한다고 주장했습니다. 이후 많은 사람이 여러 의견을 제시했지만 아무런 결론을 낼 수 없었고 총회는 거기에서 마무리되었습니다.

총회 직후 위원회가 다시 모였습니다. 케쿨레는 다음 총회에서는 표기법을 논의해야 한다고 주장했습니다. 다른 사람들

도 화학식 내의 기호가 일정한 의미를 갖도록 하는 것이 중요하다는 데에 동의했습니다. 많은 토론이 오고 간 끝에 결국 다음 질문 하나를 결정했습니다. "최근 과학의 발전을 반영할 수 있도록 일부 원자량을 두 배로 하는 화학 표기법을 사용하는 것이 바람직한가?" 여기서 일단 위원회는 폐회했고 같은 날 늦은 시간 한 번 더 모였습니다. 케쿨레는 어떤 원자량을 쓰는 것이 좋은지 이야기를 꺼냈습니다. 뒤마는 베르셀리우스의 원자량으로 돌아가자고 주장했고 뷔르츠 역시 여기에 동의했습니다. 하지만 다른 반대 의견이 제시되었고 계속해서 논의는 평행선을 달렸습니다. 결국 위원장과 위원회 서기들이 대표로 총회 때 논의될 질문을 정리하는 것으로 결정했습니다.

셋째 날 총회가 시작되었습니다. 위원회에서 준비한 질문은 다음 세 가지였습니다.

1) 과학의 발전에 맞춘 화학 표기법을 사용하는 것이 바람직한가?

2) 베르셀리우스의 표기법 원칙을 약간만 수정해서 그대로 쓰는 것이 편리한가?

3) 구체적인 기호로서 새로운 화학 기호를 50년 동안 써온 기호와 구분하는 것이 바람직한가?

칸니차로가 일어나 두 번째 질문에 대해 반대 의견을 피력했습니다. 그는 최근 게르하르트가 세운 업적을 칭송하며 뒤마가 개발한 기체 밀도 측정 실험의 정밀성과 그 데이터에 기반한 게르하르트의 이론이 얼마나 합리적인지 설명했습니다. 그는 이어 아보가드로의 법칙이 가지는 중요성을 피력하며 베르셀리우스의 체계는 아보가드로의 법칙을 고려하지 않았으므로 사용해서는 안 된다고 주장했습니다. 그는 게르하르트의 체계를 모두 받아들이고 이에 따라 원자량도 수정해서 사용하자는 결론을 내립니다. 칸니차로의 발언이 끝나자 많은 사람이 너도나도 의견을 내기 시작했습니다. 콥Hermann Kopp(1817-1892)은 이러한 다양성을 볼 때 투표로 하나의 안을 결정하지 말고 각자의 자유를 존중하자는 발언을 했고 이 발언은 많은 사람의 동의를 얻습니다. 이후 세 번째 질문과 관련하여 취소선을 쓰는 것이 어떠한가에 대한 논의가 짧게 있었고 어떠한 결론도 내리지 못한 채 좌장인 뒤마가 셋째 날 총회의 폐회를 선언했습니다.

카를스루에 회의가 뿌린 씨앗

카를스루에 회의는 성공적이었을까요? 회의를 주최한 세 사람의 목적을 생각해 보면 거의 실패한 것처럼 보입니다. 자유 토론을 통해 결론을 내리는 것은 고사하고 원래 계획대로 투표를 하는 것도 여의치 않았습니다. 주제를 많이 다룬 것도 아니었습니다. 유력한 화학자 중에 리비히나 뷜러처럼 참석하지 않은 사람도 많았습니다. 게다가 회의장에서는 많은 사람이 즉흥적으로 길게 의견을 제시했고 결국 토론자 중심으로 회의를 체계적으로 운영한다는 계획도 다 수포로 돌아갔습니다. 회의의 소득이 있다면 그저 서로의 입장 차이만 확인했다는 것입니다.

하지만 이 회의에 참석했던 젊은 화학자들에게는 다른 의미로 이 회의가 의미 있는 경험이었습니다. 카를스루에 회의의 마지막 총회에서 흥미로운 사건이 하나 발생합니다. 사실 칸니차로는 자신의 주장을 이미 2년 전에 논문으로 정리하여 출판한 바 있습니다.[4] 칸니차로의 추종자인 파베시Angelo Pavesi(1830-1896)라는 이탈리아 화학자가 이 논문 복사본을 여러 부 준비해 회의장에서 나누어 주었습니다. 당시 서른 살이었던 마이어Lothar Meyer(1830-1895)는 회의를 마치고 돌아가는 기차 안에서 이 논문을 읽었고 이후에 몇 번 더 정독했습니다. 그리고 이런 평을 남기죠. "내 눈에서 비늘이 벗겨진 것처럼 의심이 사라지고 평화로운 확신의 느낌이 그 자리를 대신했다." 칸니차로의 연설을 감명 깊게 들은 젊은 화학자가 한 명 더 있었습니다. 당시 26세의 멘델레예프Dmitri Mendeleev(1834-1907)였죠. 그는 회의 직후 스승에게 보내는 편지에서 이 회의의 내용을 요약하면서 칸니차로에 대한 찬사를 남깁니다. 카를스루에 회의에서 칸니차로의 주장이 공식적으로 받아들여지지는 않았지만 이렇게 그의 이론은 이후 젊은 화학자들에게 큰 영향을 미치게 됩니다.

마이어를 감동시킨 칸니차로의 논문은 다음과 같은 구조로 구성되어 있었습니다. 칸니차로는 역사를 되짚어 가면서 논리를 만들어 갑니다. 먼저 게이뤼삭, 아보가드로, 앙페르André-

Marie Ampère(1775-1836)를 소개하면서 이들이 알려진 실험 결과로부터 논리적인 가설을 만들었다고 소개합니다. 즉 동일한 압력과 부피에서 같은 부피의 기체는 기체의 종류와 상관없이 같은 수의 분자를 포함한다는 가설입니다. 칸니차로는 베르셀리우스가 자신의 전기적 이원론에 집착하느라 아보가드로의 이론을 무시했다고 비판합니다. 칸니차로는 동일한 온도와 압력 조건에서 다양한 기체 물질의 밀도를 측정한 값에 아보가드로의 이론을 적용하여 분자량을 계산했고 이것이 그간 학계에서 다른 방식으로 계산한 값들과 일치한다는 것을 보였습니다. 심지어 비교적 단순한 무기 화합물뿐 아니라 복잡한 유기 화합물에 대해서도 동일한 결과를 얻었습니다.[5]

이렇게 칸니차로는 아보가드로의 이름을 부활시키는 데 성공합니다. 12장에서 살펴본 것처럼 돌턴과 동시대인인 아보가드로가 이후 50년 동안 높은 평가를 받지 못한 것에는 다 이유가 있었습니다.[6] 아보가드로는 베르톨레-게이뤼삭으로 이어지는 학문적 계보를 따라 부피를 중심으로 화학 반응의 단위 입자를 생각하고자 했습니다. 하지만 이 접근법은 기체에만 적용할 수 있는 것이었고 아보가드로는 무리해서 액체와 고체 시스템에도 자신의 이론을 적용하고자 했습니다. 불행히도 당시의 측정 정확도는 정밀한 데이터를 줄 수 없었습니다. 예를 들어 그가 제시한 증기 밀도 데이터는 참값의 60%에서 800%까지 들쭉날쭉한 오차를 보였죠. 따라서 아보가드로의 이론은 실제 분자량 결정에는 큰 쓸모가 없었습니다. 더욱 중요한 것은 "모든 기체가 종류와 상관없이 동일한 압력과 온도에서 동일한 부피 속에 동일한 수의 입자를 갖는다"라는 가정이 아보가드로 당시에는 합리적인 근거가 없는 가설로 보였다는 것입니다. 결국 아보가드로는 동시대 화학자에게 인정을 받을 수 없었습니다.

아보가드로가 인정받지 못했다고 해서 아보가드로가 제시한 개념이 완전히 무시된 것은 아닙니다. 화학 반응에서 기체 반응물과 기체 생성물의 부피 사이에 정수비가 성립한다는 사실은 실험적으로 확립된 명백한 사실이었고 이는 아보가드로 당시부터 원자량 결정에 널리 활용되었습니다. 그리고 아보가드로는 원자와 분자를 구분하지 않았지만 1830년대와 1840년대에 원자와 분자의 구분이 등장하면서 아보가드로의 가설이 관심을 받게 됩니다. (즉 아보가드로는 무시된 것이 아닙니다. 아보가드로의 논문들은 아보가드로 당시부터 계속해서 화학 논문에 인용되었습니다. 보통 부정적인 맥락으로 인용되었다는 게 문제였을 뿐입니다.) 원자와 분자의 구분에 기초하여 원자량 계산 작업을 체계적으로 수행한 것이 게르하르트였고 칸니차로는 그 게르하르트의 작업을 이어받았습니다. 칸니차로의 시대가 되면 실험적 정확도가 꽤 높아져서 아보가드로의 이론이 잘 성립한다는 것을 실험적으로도 보일 수 있었습니다. 특히 칸니차로의 연설에 등장한 뒤마의 증기 밀도 측정 기법이 큰 역할을 수행했죠. "화학은 1811년 혹은 1821년의 아보가드로에게는 아직 준비가 안 되어 있었고 1858년의 칸니차로에게는 준비가 되어 가고 있었다."[7]

준비가 되어 가고 있었던 것은 화학만이 아니었습니다. "같은 온도와 압력에서 같은 부피 안에는 같은 수의 입자가 들어 있다"라는 가설은 분자 운동론을 통해 증명할 수 있습니다. 바로 그 분자 운동론이 칸니차로 시대에 형태를 갖춰 나가고 있었습니다.[8] 18세기부터 유체역학을 이론적 기반으로 삼아 기체의 성질을 분석하려는 시도가 여럿 있었습니다. 오일러Leonhard Euler(1707-1783), 베르누이Daniel Bernoulli(1700-1782)와 같이 쟁쟁한 수학자들이 이 문제를 다뤘습니다. 그러다 1843년, 워터스턴John Waterston(1811-1883)이라는 스코틀랜드 물리학자가 입자를 통계적으로 처리하여 열역학적인 물리량을 계산하는 데 성공합니다. 그는 1845년과 1851년 후속 논문을 출판하여 균등 분배 원리equipartition theorem 등을 제안했죠. 이후 클라우지우스의 1858년 논문, 맥스웰James Maxwell(1831-1879)의 1859년 논문 등을 통해 분자 운동론이 엄밀한 이론 체계를 갖추기 시작했고 이후 볼츠만Ludwig Boltzmann(1844-1906)이라는 걸출한 물리학자의 활동으로 분자 운동론이 완성되죠. 분자 운동론의 발전 시기가 카를스루에 회의의 배경 시기와 잘 겹치는 것을 볼 수 있습니다.

어쩌면 칸니차로는 같은 이탈리아 출신 선배 화학자인 아보가드로가 억울하게 무시당했다고 생각하고 그를 구제하고자 했던 것인지도 모르겠습니다. 동기가 무엇이든 칸니차로는 아보가드로의 가설에 기반하여 체계적으로 원자량과 분자량을 결정할 수 있음을 보이는 한편, 베르셀리우스와 그 추종자들의 고정관념 때문에 아보가드로가 학계에서 매장되었다고 주장했습니다. 카를스루에 회의에 참석한 젊은 화학자들은 칸니차로의 연설과 논문에 큰 감명을 받았고 칸니차로의 이론과 더불어 그가 제시한 (역사적으로 부정확한) 배경 설명은 이후 화학계에 계속해서 영향을 미쳤습니다. 카를스루에 회의는 그 목적을 이루지 못했는지 모르겠지만 칸니차로는 성공을 거둔 셈입니다.

20장

분자의 구조가
드러나기 시작하다

1860년 열린 카를스루에 회의는 비록 폭발적인 변화를 이끌어 내지는 못했지만 다음 세대 화학의 신호탄 역할을 수행했습니다. 과학사학자 로크Alan J. Rocke는 1860년대가 "화학 이론의 진실로 혁명적인 시기"였다고 평가합니다.[1] 1860년대의 화학자는 유기 화합물을 설명하는 이론을 더 정교하게 만들어 냈고 이를 이용해 이성질 현상 등 오랜 난제를 해결하는 데 성공합니다. 특히 이 시기를 정의할 수 있는 용어로 '구조'를 들 수 있습니다. 1861년, 러시아의 화학자 부틀레로프Aleksandr Butlerov(1828-1886)가 최초로 '화학 구조'라는 용어를 사용했습니다.[2] 여기서 말하는 구조는 실제 분자의 3차원 구조를 가리킨다기보다 각 원자가 다른 원자 몇 개와 결합할 수 있는지를 나타내는 원자가에 기반하여 원자를 레고 블록처럼 다루는 접근법을 말합니다. 바야흐로 화학은 구조 이론의 시대에 접어든 것입니다.

구조를 표현하는 다양한 방법

1860년을 즈음해서 화학에는 원자가 개념이 확립되었고 수소는 1의 원자가를, 산소는 2의 원자가를, 질소는 3의 원자가를 가지고 있다는 점이 밝혀졌습니다. 각 원자는 원자가에 해당하는 수만큼의 수소 원자와 결합할 수 있으며 이 원자가는 화학 반응 전후에 변하지 않는다고 가정되었죠. 1858년 케쿨레는 탄소가 4의 원자가를 가진다고 가정하고 많은 유기 화합물의 구조를 설명했습니다. 이 논문은 큰 관심을 받았으며 구조 이론의 효시가 됩니다. 하지만 올레핀olefin, C_2H_4 같은 분자에서는 탄소의 원자가가 4가 아닌 것처럼 보인다는 문제가 남아 있었습니다. 이렇게 탄소의 원자가를 만족하지 못하는 유기 화합물은 꽉 차 있지 않은 화합물, 즉 '불포화unsaturated 화합물'이라 불리었습니다.

불포화 유기 화합물의 문제는 1860년대 초반에 해결됩니다. 탄소 원자가 자기들끼리 결합을 두 개 이상 만들 수 있다는 가정을 넣으면 원자가도 깔끔하게 설명될 뿐 아니라 불포화 유기 화합물이 반응성이 더 높은 이유도 설명할 수 있었습니다. 탄소 원자는 자기들끼리 이중, 삼중 결합을 만들기보다 수소 등 다른 원자와 단일 결합을 만드는 걸 선호한다고 하면 되니까요. 비슷한 시기에 탄소가 가지고 있는 결합 '손'은 네 개 모두 대등하다는 사실이 알려졌습니다. 이렇게 베일에 싸여 있던 유기 화합물의 정체가 조금씩 밝혀지고 있었습니다.

화학자들은 분자의 구조를 효율적으로 표현할 수 있는 방법을 고민하기 시작했습니다. 유형 이론에서는 중괄호를 사용하여 각 유형의 분자를 명확하게 보여 주고자 했지만 이는 복

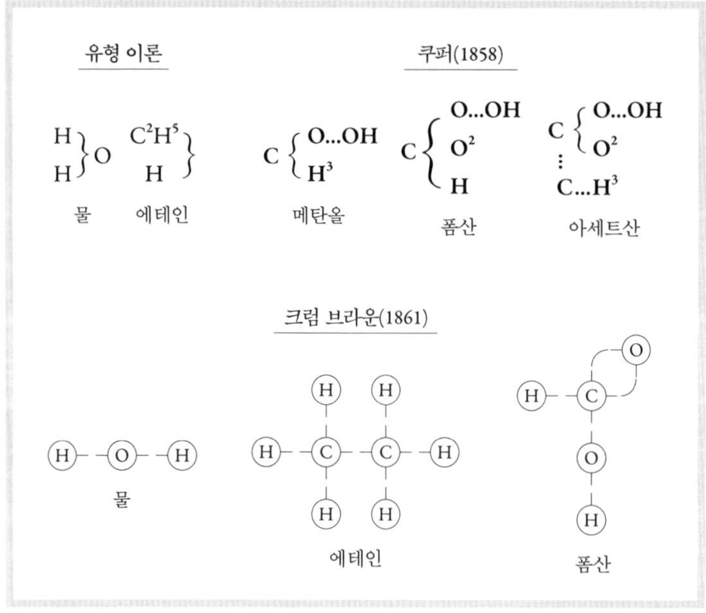

그림 20.1 쿠퍼와 크럼 브라운의 표기법. 쿠퍼의 표기법에서는 산소의 원자량을 8로 계산했다.

잡한 분자에 적용하기 어렵다는 단점이 있었습니다. 1858년 쿠퍼Archibald Scott Couper(1831-1892)는 유형 이론에서 사용하던 중괄호에 더하여 원자 사이의 관계를 표현할 수 있는 점선을 도입했습니다. 3년이 지나 1861년에는 쿠퍼의 후배인 크럼 브라운Alexander Crum Brown(1838-1922)이 중괄호를 사용하지 않고 원자 사이의 관계를 표시하는 새로운 표기법을 개발합니다. 여기서 각 원자는 원으로 표시되고 각자 원자가에 해당하는 수만큼 짧은 선을 가지고 있었습니다. 이 선끼리 연결하면 결합이 됩니다. 이 표기법에서는 특히 이중 결합 등이 잘 표현될 수 있다는 장점이 있었습니다. (그럼에도 불구하고 이 표기법은 한동안 무시되어 왔다가 1880년대에 부활하여 표준으로 자리잡습니다.)

한편 다른 창의적인 표기법도 많이 등장했습니다. 케쿨레는 1859년 출판된 자신의 유기화학 교과서에서 '소시지' 표기법이라는 것을 발표했습니다. 이 표기법에서는 각 원자가 여러 개의 구슬이 붙은 소시지 모양으로 묘사되는데 이때 각 원자를 구성하는 구슬의 개수가 곧 원자가를 의미합니다. 소시지끼리 두 줄로 붙여서 분자를 만들 수 있는데 이때 두 줄을 구성하는 구슬의 수는 같아야 합니다. 케쿨레는 이 그림을 1856년부터 강의에 활용했습니다. 단 케쿨레의 교과서에서 소시지 그림은 보조적인 역할을 수행합니다. 케쿨레는 전통적인 중괄호 표기법을 주로 사용했고 소시지 그림은 각주에 넣어서 이런 식으로 표현할 수도 있음을 보여 주는 데에 그칩니다.

로슈미트Josef Loschmidt(1821-1895)는 1861년 동심원을 이용

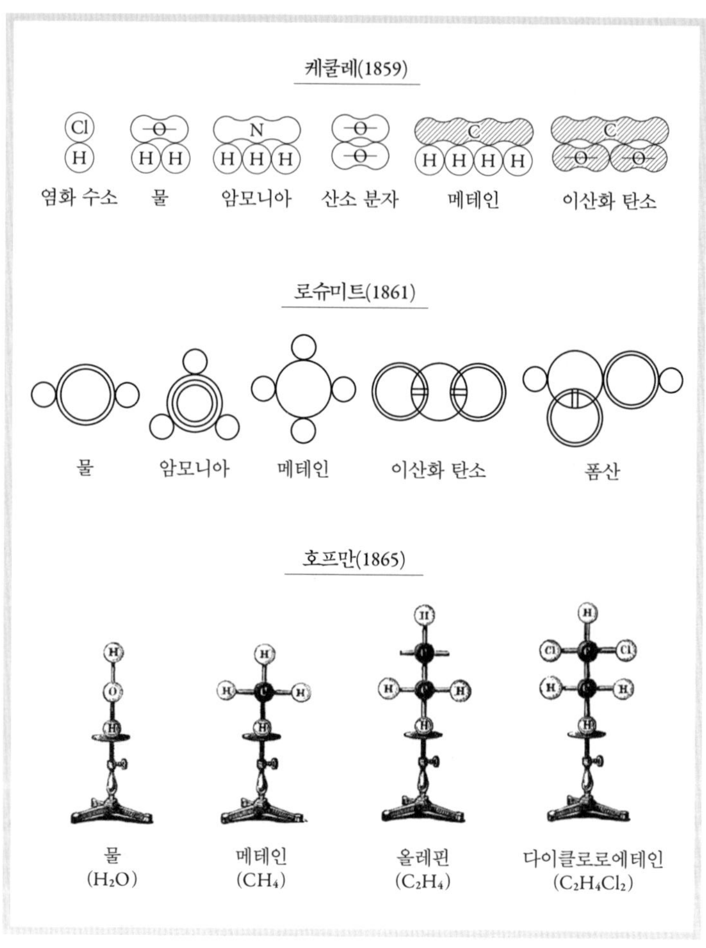

그림 20.2 케쿨레와 로슈미트, 호프만의 표기법.

해 원자가를 표기하는 방법을 고안했습니다. 작은 원은 원자가 1인 수소를 나타내고, 이중 동심원은 원자가 2인 산소를, 삼중 동심원은 원자가 3인 질소를, 큰 원은 원자가 4인 탄소를 나타냅니다. 이중 결합은 원을 겹치고 굵은 선을 두 개 그려서 표시했습니다. 호프만은 1865년에 '크로켓 공' 표기법이라는 것을 제안합니다. 각 원자는 원자가에 맞는 개수의 막대기가 박힌 공으로 표현되고 이것들을 조립하여 분자를 만드는 것입니다. 그림에서 볼 수 있다시피 당시 호프만은 이중 결합 개념을 받아들이지 않고 비어 있는 원자가로 보았습니다.

크럼 브라운의 표기법은 오늘날의 구조식과 상당히 유사하고 호프만의 크로켓 공 표기법은 오늘날 공과 막대를 이용해 분자의 공간적 구조를 나타내는 방식과 상당히 유사해 보입니다. 그래서 흔히 이 시기부터 오늘날의 이해와 유사한 분자 구조의 개념이 있었으리라고 착각하기 쉽습니다. 하지만 당시 화학자 중 원자가 개념을 실제 3차원 구조에 기반하여 이해한 사람은 별로 없었습니다. 케쿨레는 자신의 소시지 표기법을 소개하면서 다음과 같은 말을 남깁니다. "[이 표기법으로 표현된] 각 원자의 위치는 공간상 상대적 위치를 나타낼 의도를 전혀 담고 있지 않다."[3] 크럼 브라운 역시 다음과 같이 말했죠. "[내 표기법은] 원자들의 화학적 위치를 나타낼 뿐 물리적 위치를 가리킬 의도는 없다."[4] 비록 각자 창의적인 모형을 사용하여 구조 이론을 탐구했지만 케쿨레도, 크럼 브라운도, 호프만도, 자신의 모형이 공간상의 실제 분자 구조를 나타낸다고 믿지 않았습니다.

구조 이론을 정초한 케쿨레의 환상

각 화학자가 구조 이론이 실제로 의미하는 바가 무엇이라고 생각했든 구조 이론은 화학 연구에 큰 도움이 되는 중요한 도구였습니다. 특히 이성질 현상을 설명하는 데 강점을 가지고 있었죠. 예를 들어 에테인C_2H_6에 대해 이전의 유형 이론은 두 가지 이성질체를 예측합니다. 바로 $H-C_2H_5$와 CH_3-CH_3입니다. 전자는 H라는 덩어리와 C_2H_5라는 덩어리가 결합한 형태이고, 후자는 CH_3라는 덩어리 두 개가 결합한 형태입니다. 유형 이론에서는 두 형태가 다른 '유형'이므로 화학적인 성질이 다르다고 예측했습니다. 하지만 구조 이론에 따르면 두 가지 이성질체는 동일한 분자죠. 탄소와 탄소가 단일 결합으로 연결되어 있고 각 탄소에는 세 개씩 수소가 더 결합해 있는 구조입니다. 실험적으로 에테인의 이성질체는 한 가지만 발견되었기 때문에 구조 이론이 큰 설득력을 가질 수 있었습니다. 이후 구조 이론을 사용하여 이성질 현상을 설명하려는 여러 시도가 등장합니다.

이 시기를 상징하는 가장 유명한 이론은 케쿨레의 벤젠 이론입니다.[5] 벤젠은 1825년 패러데이가 발견했지만 한동안 순수한 형태로 얻기 어려웠기 때문에 그 성질을 연구하기가 까다로웠습니다. 최초로 벤젠의 분별 증류에 성공한 것은 호프만이었습니다. 1843년 호프만의 보고 이후 벤젠 및 벤젠 유도체에 대한 연구가 활발해졌습니다. '방향족aromatic compounds'이라는 표현은 원래 일반적으로 향기를 내는 물질을 가리키는 이름이었지만 1855년 호프만이 벤젠 및 벤젠 유도체에 대해 이 이름을 사용한 이후 그와 같은 용법이 고착되었습니다.

케쿨레의 벤젠 이론이 나오기 직전인 1864년 말에 벤젠에 관해 실험적으로 정리된 사실은 다음과 같습니다. (1) 벤젠을 구성하는 탄소 원자의 수는 최소한 여섯 개다. (2) 벤젠은 불포화 유기 화합물이지만 수소를 더 추가하는 것은 매우 어렵고 치환 반응은 일으킬 수 있다. (3) 치환 반응을 통해 하나의 라디칼을 도입하면 하나의 이성질체가 나오지만 두 개의 라디칼을 도입하면 세 개의 이성질체가 나온다. (현대 유기화학에서는 오르토ortho, 메타meta, 파라para 이성질체라고 부릅니다.) 당시 이러한 사실을 설명할 수 있는 화학 모형은 존재하지 않았습니다.

케쿨레는 1865년 1월에 출판된 논문에서 여섯 개의 탄소 원자가 동그란 고리 모양으로 연결된 구조를 제안했고 그들의 결합은 단일 결합과 이중 결합이 반복된 형태라고 주장했습니다. 이후 그는 이 모형에 기반하여 깔끔하게 벤젠 유도체의 이성질 현상을 설명해 냈죠. 화학자들은 열광했고 구조 이론은 화학계에서 널리 받아들여지게 됩니다.

케쿨레의 벤젠 이론에는 흥미로운 탄생 비화가 있습니다. 1890년 독일에서 열린 벤젠 논문 25주년 기념 행사에서 주인공 케쿨레는 강연 중에 다음과 같은 이야기를 남겼습니다. "[어느 날 밤,] 저는 [집에] 앉아서 교과서 작업을 하고 있었는데 일이 수월하게 진행되지 않았습니다. 다른 일에 신경이 쓰였기 때문입니다. 저는 벽난로를 향해 의자를 돌린 후 깜빡 선잠에 들었습니다. 다시 한번 제 눈앞에서 원자들이 날아다녔습니다. 이번에는 배경에 작은 무리들이 얌전하게 있었습니다. 비슷한 종류의 환상을 반복해서 보면서 더 예민해진 마음의 눈으로, 다양한 조합 속에서 더 큰 형태를 구분해 낼 수 있었습니다. 바로 가끔 긴 사슬들이 결합하여 더 밀집된 구조를 이루는 것이었습니다. 모두가 마치 뱀처럼 꼬물거리고 있었습니다. 그런데 저게 뭐죠? 한 마리의 뱀이 자신의 꼬리를 물고는 마치 조롱하듯이 제 눈앞에서 빙글빙글 돌고 있었습니다. 저는 바로 깨어났고 이번에도 이 가설의 의미를 탐구하기 위해 밤을 꼬박 새웠습니다."[6]

케쿨레가 소시지 표기법을 사용했음을 고려하면 여기서 이야기하는 사슬은 아마 소시지 모양의 원자가 모여서 만든 분자가 아닐까 싶습니다. 케쿨레가 자신의 교과서에서 제시한 벤젠의 구조(그림 20.3)를 참고하면 케쿨레가 꿈에서 본 모양을 상상해 볼 수 있습니다. 재미있는 것은 같은 책에서 케쿨레가 벤젠 내의 수소 원자가 가질 수 있는 두 가지 구조로 삼각형 구조와 육각형 구조를 제시했다는 것입니다. 케쿨레는 벤젠의 수소 원자가 모두 대등하다면 육각형 구조가 더 좋은 표현이 되겠지만 두 가지 서로 다른 그룹으로 나뉜다면 삼각형 구조로 그리는 것이 더 좋겠다고 말합니다. 이를 두고 오늘날 어떤 사람은 케쿨레가 벤젠의 육각형 고리 형태를 예측했다고 평가합니다만 앞서 이야기한 것처럼 케쿨레는 본인이 벤젠의 실제 구조를 탐

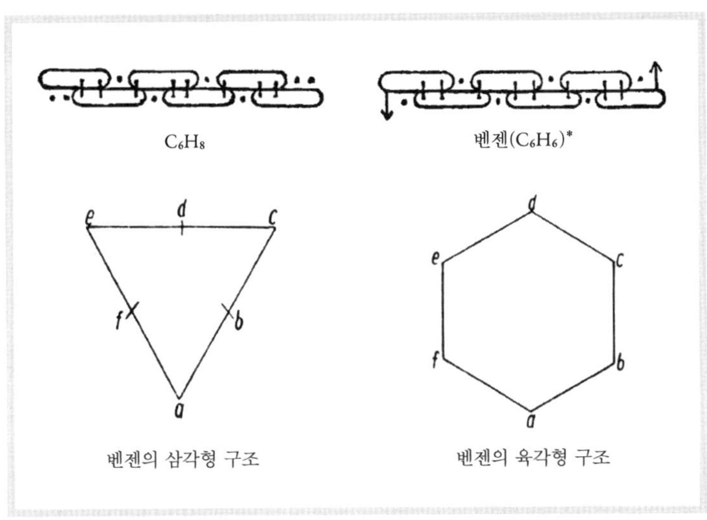

그림 20.3 (위) 케쿨레가 제시한 벤젠의 구조. (*화살표는 서로 연결된 결합을 의미.) (아래) 케쿨레 이론에서 벤젠 내의 수소 원자가 가질 수 있는 두 가지 구조.

구하고 있다고 믿지 않았습니다. 지나친 해석은 경계하는 것이 좋겠습니다.

앞서 소개한 강연에서 환상 에피소드가 한 가지 더 등장합니다. 케쿨레는 1854년 런던에서 연구 조수로 일하고 있었습니다. 어느 날 저녁, 친구 집에 가는 버스 안에서 깜빡 잠이 든 그는 눈앞에서 원자들이 이리저리 움직이며 뭉치고 흩어지는 환상을 보았습니다. 이 환상에 기반하여 그는 원자가에 관한 가설을 세울 수 있었습니다. 케쿨레는 강연에서 이 환상을 회고하며 '구조 이론의 기원'이라고 불렀습니다.[7] 특이하게도 케쿨레는 젊은 날의 자신이 환상을 통해 가설의 실마리를 얻곤 했다고 주장한 것입니다. 케쿨레는 심지어 이 강연에서 "여러분,

꿈꾸는 법을 배웁시다. 그러면 아마도 진실을 발견할 것입니다"라며 환상이 창의성의 원천이라고 주장했습니다.

케쿨레의 환상 이야기가 주는 교훈은 무엇일까요? 어떤 사람은 케쿨레가 노년에 자신에게 신비한 이미지를 입히기 위해 이런 이야기를 만들었다고 주장합니다.[8] 하지만 케쿨레가 이 강연을 하기 전에도 사적으로 친구와 가족에게 환상 이야기를 종종 했던 걸 보면 케쿨레 본인이 환상을 보았던 것은 사실로 보입니다. 그래서 어떤 사람들은 뱀이라는 이미지에 집중하여 정신분석학적으로 케쿨레의 무의식을 연구하기도 했고 연금술 문헌에 자주 등장하는 우로보로스ouroboros라는 뱀과 케쿨레의 꿈을 연결하기도 합니다. 하지만 더 합리적인 설명은, 실제로 케쿨레가 환상을 본 것은 사실이나 환상만으로 과학적 탐구를 했다고 주장하는 것은 곤란하다는 것입니다. 케쿨레가 원자가 가설이나 벤젠 구조 가설을 생각해 냈을 때 케쿨레는 이미 유기화학에 대한 충분한 배경 지식을 갖추고 있었습니다. 그의 머릿속에는 이미 가능한 가설과 불가능한 가설이 분명하게 정리되어 있었고 환상에서 아이디어를 얻은 후에도 그 가설을 뒷받침할 수 있는 합리적인 근거를 제시할 수 있었습니다. 또 한 가지 중요한 사실은 케쿨레가 1865년 논문을 쓸 때까지 방향족 화합물에 대한 연구를 거의 한 적이 없다는 점입니다. 케쿨레는 돌턴이 그랬던 것처럼 해당 분야의 외부인으로서 다소 과감한 가설을 세울 수 있었던 것은 아닐까요.

1860년대는 구조 이론이 완성에 가까운 모습을 갖추는 시기였습니다. 비록 정말로 원자들이 분자 안에서 어떤 구조를 이루고 있는지는 알 수 없지만 특정한 화학적 연결 상태를 가정함으로써 여러 유기 화합물을 체계적으로 설명하는 것이 가능해졌습니다. 한편 이렇게 탄소, 수소, 산소, 질소로 구성된 물질에 대한 이해가 깊어지는 동안 당시 화학자가 알고 있던 모든 원소를 체계적으로 정리하는 방법 또한 만들어지고 있었습니다.

21장

누가 주기율표 탄생의 공을
가져야 하는가

1860년대는 유기화학의 전성기였습니다. 이제 유기 화합물은 수소, 산소, 질소, 탄소를 원자가에 맞춰 레고 블록처럼 잘 연결하면 설명할 수 있었습니다. 또한 유기화학자는 합성을 통해 싸고 질 좋은 염료처럼 인류가 한 번도 보지 못한 새로운 물질을 만들어 내기도 했습니다. 유기화학은 하루하루 놀랍게 발전하고 있었고 야망 있는 젊은 화학자들은 앞다투어 유기화학 연구에 뛰어들고 있었죠. 하지만 1860년대가 끝나갈 때쯤, 전혀 다른 방향에서 화학의 흐름이 바뀝니다. 바로 오늘날 화학의 상징으로 널리 사용되는 '주기율표'가 발명된 것입니다.[1] 이 주기율표는 비슷한 시기에 최소 여섯 명(!)의 화학자에 의해 제안됩니다. 이는 시대적으로 1860년대가 주기율표가 등장할 만한 조건을 갖추었기 때문이라 할 수 있습니다.

주기율표는 여러 번 발명되었다

1860년 카를스루에 회의 이후 화학계에서는 원자와 분자 개념이 정리되기 시작했습니다. 칸니차로와 그를 따르는 젊은 화학자 세대는 아보가드로의 법칙을 통해 분자를 정의하는 방식을 선택했습니다. 당시까지 발전한 질량 분석법을 이용하면 이제 각 원자의 원자량을 매우 정확하게 결정할 수 있었습니다. 케쿨레가 이끄는 구조 이론의 성공은 원소별로 갖는 독특한 성질이라 할 수 있는 원자가 개념을 화학계에 널리 퍼뜨렸습니다. 여기에 1860년에 발표된 분광 분석법이 원소를 확인하고 새로운 원소를 발견하는 데 큰 역할을 수행합니다. 이러한 철학과 방법론이 1860년대를 거치면서 화학계의 표준으로 자리 잡았고 그 결과 원자의 여러 성질이 논란의 여지 없이 명확하게 정량화될 수 있었습니다.

이러한 배경 속에서 1860년대 말에 주기율표 개념이 등장할 수 있었습니다. 뒤집어 말하자면 1860년대 이전의 화학자는 주기율표를 만들고 싶어도 만들 수 없었습니다. 예를 들어 되베라이너를 살펴보죠. 그는 1817년 칼슘과 바륨의 원자량 평균이 스트론튬의 원자량과 유사하다는 보고를 했고 1829년 이를 확장하여 원자량이 등차 수열을 이루는 세 개의 원소쌍이 있다는 세 쌍 원소triad 개념을 제안했기에 주기율표의 선구자로 여겨집니다. 되베라이너는 이로부터 더 일반적인 법칙을 찾아내고자 했지만 그에게는 1860년대의 화학이 없었기에 주기율표를 만들 수 없었습니다.[2]

과학사학자들은 1860년대에 주기율표를 발명한 사람을 여섯 명 정도로 봅니다.[3] 이들은 서로의 연구에 대해 몰랐던 것으로 보입니다. 그렇다면 이 중 누가 주기율표의 발명자로 기념되어야 할까요? 오늘날에는 거의 이견 없이 멘델레예프를 주기율표의 발명자로 기립니다만 100년 전만 해도 그 문제는 그리 쉬운 문제가 아니었습니다. 이 문제는 과학사학계에서 일찍부터 관심을 끈 문제였고 과학계의 대표적인 우선권 문제 중 하나로 꼽힙니다. 여기서는 각 사람의 업적을 간단하게 소개하고[4] 멘델레예프의 이야기를 조금 더 자세히 다뤄보도록 하겠습니다.

우선 여섯 명 중 하나는 아니지만 이들에게 큰 영향을 주었던 뒤마의 연구를 먼저 소개하겠습니다. 뒤마는 1857년부터 1859년까지 여러 논문을 통해 많은 원소의 원자량이 $a+8n$이라는 간단한 식으로 표현될 수 있음을 보였습니다. 여기서 a는 어떠한 정수이고, n은 1, 2, 3…… 으로 올라갑니다. 이 때 a의 값에 따라 원소를 분류할 수 있다는 것이 뒤마의 아이디어였습니다. (이는 칸니차로가 개혁한 원자량을 받아들이면 $a+16n$으로 써야 합니다.) 뒤마는 이를 표의 형태로 정리하지는 않았기에 주기율표의 발견자로는 여겨지지 않습니다. 드샹쿠르투아Alexandre-Emile

	No.		No.		No.		No.		No.		No.		No.		No.
H	1	F	8	Cl	15	Co & Ni	22	Br	29	Pd	36	I	42	Pt & Ir	50
Li	2	Na	9	K	16	Cu	23	Rb	30	Ag	37	Cs	44	Tl	53
G	3	Mg	10	Ca	17	Zn	25	Sr	31	Bd	38	Ba & V	45	Pb	54
Bo	4	Al	11	Cr	19	Y	24	Ce & La	33	U	40	Ta	46	Th	56
C	5	Si	12	Ti	18	In	26	Zr	32	Sn	39	W	47	Hg	52
N	6	P	13	Mn	20	As	27	Di & Mo	34	Sb	41	Nb	48	Bi	55
O	7	S	14	Fe	21	Se	28	Ro & Ru	35	Te	43	Au	49	Os	51

그림 21.1 뉴랜즈의 1865년 주기율표.

Beguyer de Chancourtois(1820-1886)는 1862년 뒤마의 아이디어를 확장하여 원자량 사이의 관계를 명확하게 보여줄 수 있는 표를 최초로 만들었습니다.

뉴랜즈John Newlands(1837-1898)는 뒤마의 아이디어에 관심을 갖고 원소의 원자량 사이의 패턴을 연구하고 있었습니다. 하지만 숫자가 정확하게 맞지 않았기 때문에 고민이 많았죠. 그는 1864년 칸니차로의 원자량을 사용하면 숫자가 훨씬 더 정확하게 맞는다는 사실을 깨달았습니다. 게다가 분광기를 통해 새로 발견된 원소인 세슘, 루비듐, 탈륨, 인듐도 본인이 찾은 규칙에 맞아들었습니다. 그는 1865년 원소들을 원자량대로 나열하면 여덟 개마다 비슷한 성질의 원소가 등장한다는 '옥타브의 규칙'을 발표하면서 이를 표현하는 표를 첨부합니다.

오들링William Odling(1829-1921)은 되베라이너의 세 쌍 원소 개념을 확장하고자 했습니다. 그는 1864년 칸니차로의 원자량을 받아들이면서 같은 원소쌍에 포함된 각 원소의 원자량은 약 16 정도 차이를 보인다는 것을 발견했습니다. 그는 여기에 원자가 개념을 사용하여 같은 원자가를 갖는 원소를 같은 줄에 배치했고 이로부터 주기율표를 도출하여 1865년에 발표합니다. 힌리히스Gustavus Detlef Hinrichs(1836-1923)는 뒤마의 아이디어에서 출발하여 1867년 비슷한 주기율표를 만들었습니다.

마이어는 멘델레예프와 비슷한 세대로, 멘델레예프와 같이 카를스루에 회의에 참석한 젊은 화학자였습니다. 그는 칸니차로의 체계를 일찍부터 받아들였고 뒤마의 아이디어에서 출발하여 1864년 자신의 교과서 속에서 주기율표를 제안했습니다. 그의 주기율표는 원자가가 같은 원자 사이에는 원자량이 일정한 크기만큼 변화한다는 개념을 담고 있었습니다. 다만 그는 주기율표로부터 일반적인 법칙을 끌어내는 것은 다소 조심했습니다. 이후에도 여러 번 주기율표를 개정한 그는 멘델레예프가 주기율표를 발표한 후 마지막까지 멘델레예프와 우선권 논쟁을 벌였습니다.[5]

이들 각 사람의 업적을 살펴보면 왜 멘델레예프가 주기율표 발견자로 추앙받는지 의아해집니다. 이들 모두 표의 형태로 주기율 법칙을 발표했고 세부 사항의 차이는 있을지언정 멘델레예프의 주기율표와 본질적으로 다르지 않은 주기율표를 제안했습니다. 그래서 어떤 과학사학자는 멘델레예프가 불공정하게 공을 독식했다고 생각합니다. 사실 이렇게 여러 버전의 주기율표가 1860년대에 등장할 수 있던 것은 다 그전까지 쌓인 화학 지식 때문이었습니다. 그래서 이 지식을 종합할 수 있는 능력을 갖춘 화학자라면 주기율표 개념을 생각할 수 있었던

276

	4 werthig	3 werthig	2 werthig	1 werthig	1 werthig	2 werthig
	—	—	—	—	Li = 7,03	(Be = 9,3?)
Differenz =	—	—	—	—	16,02	(14,7)
	C = 12,0	N = 14,04	O = 16,00	Fl = 19,0	Na = 23,05	Mg = 24,0
Differenz =	16,5	16,96	16,07	16,46	16,08	16,0
	Si = 28,5	P = 31,0	S = 32,07	Cl = 35,46	K = 39,13	Ca = 40,0
Differenz =	$\frac{89,1}{2}$ = 44,55	44,0	46,7	44,51	46,3	47,6
	—	As = 75,0	Se = 78,8	Br = 79,97	Rb = 85,4	Sr = 87,6
Differenz =	$\frac{89,1}{2}$ = 44,55	45,6	49,5	46,8	47,6	49,5
	Sn = 117,6	Sb = 120,6	Te = 128,3	J = 126,8	Cs = 133,0	Ba = 137,1
Differenz =	89,4 = 2.44,7	87,4, = 2.43,7	—	—	(71 = 2.35,5)	—
	Pb = 207,0	Bi = 208,0	—	--	(Tl = 204?)	—

그림 21.2 마이어의 1864년 주기율표.

것입니다.

그럼에도 불구하고 이 표 사이에는 차이점이 있습니다. 특히 주기율표 자체보다는 그 주기율표의 활용 면에서 차이가 있다고 할 수 있습니다. 과학사학자 마이클 고딘Michael Gordin은 현대의 관점에서 주기율표가 가져야 하는 중요한 특징 여섯 가지를 다음과 같이 정리했고 이것들을 모두 만족한 주기율표는 멘델레예프의 주기율표뿐이었다고 말합니다.[6]

(1) 원자량이 증가함에 따라 원소의 성질이 주기적으로 반복된다는 점을 인식

(2) 이 관계를 보여주기 위해 원소를 2차원 표에 배치

(3) 이 체계를 이용하여 모든 알려진 원소를 분류

(4) 아직 발견되지 않았지만 그 존재성을 기존 원소의 성질로부터 유
추할 수 있는 원소들을 위해 체계 내에 빈 공간을 할당

(5) 체계를 이용하여 알려진 원소의 측정된 성질을 수정

(6) 빈 공간에 들어갈 새로운 원소의 구체적인 성질을 예측

자신의 가치를 증명한 멘델레예프의 주기율표

자, 이제 멘델레예프 이야기를 해봅시다. 그는 상트페테르부르크 대학교에서 화학을 전공하여 1856년 석사 학위를 받은 후 1857년 같은 학교의 강사로 임용됩니다. 이 당시 그는 이미 로랑과 게르하르트가 개혁한 시스템을 받아들여 사용하고 있었고 물질의 분류에 깊은 관심을 보였습니다. 그는 1859년부터 1860년까지 유럽을 방문하여 액체 유기물의 응집 현상을 연구했고 1860년에는 카를스루에 회의에 참석하여 칸니차로의 유명한 연설을 들었습니다. 1861년 러시아로 돌아온 멘델레예프는 유기화학 교과서를 집필하여 출판합니다. 이 책은 최신 이론이라 할 수 있는 칸니차로의 이론을 잘 담아내고 있었으며 러시아에서 큰 인기를 끌었습니다. 이듬해인 1862년 상트페테르부르크 과학원에서는 이 책을 높이 평가하여 멘델레예프에게 데미도프 상Demidov Prize을 수여했습니다.

그는 유기화학 교과서뿐 아니라 다양한 화학 교과서에 관심이 있었습니다. 1862년에 일반화학 교과서를 번역했고, 1863년

278

에 유기화학 교과서의 개정판을 냈으며, 1864년에 분석화학 교과서를 번역했습니다. 이는 당시 러시아 화학계의 수요를 반영한 것이었습니다. 19세기에 러시아를 통치한 황제들은 정치적으로 보수적이건 개혁적이건 유럽 국가를 따라잡기 위해 과학과 교육에 많은 투자를 했습니다. 특히 크리미아 전쟁(1853-1856)에서 유럽의 전투력을 맛본 러시아는 대대적인 교육 시스템 개혁을 시행합니다. 이러한 사회 분위기 속에서 러시아 학계도 유럽의 최신 연구를 따라잡는 한편 학계와 산업계가 필요로 하는 인재를 길러야 한다는 압력이 있었습니다.[7] 멘델레예프도 이러한 흐름에 동참한 것입니다.

집필과 번역으로 바쁜 중에도 멘델레예프는 1865년 알코올 수용액에 관한 논문으로 박사 학위를 받았고 같은 해 상트페테르부르크 대학교에 교수로 임용됩니다. 1867년 스승의 뒤를 이어 일반화학 석좌교수로 임명된 그는 일반화학 교과서를 집필하면서 원소들을 체계적으로 설명할 방법을 찾고 있었습니다. 그는 《화학의 원리Osnovy khimii》 1부에서 원자가를 기준으로 수소, 산소, 질소, 탄소, 할로젠 원소를 소개했고 2부를 시작하면서 알칼리 금속과 알칼리 토금속을 소개합니다. 그런데 그 이후 구리 등 원자가가 여럿 존재하는 것처럼 보이는 금속을 만나면서 난관에 봉착했죠. 그는 이 시점에 원자량으로 시선을 돌렸고 여기서 영감을 얻어 주기율표를 만들게 됩니다. 이 날짜는 1869년 2월 17일로 기록되어 있습니다. 이 과정에서 멘델레예프가 원소 카드를 만들어 이리저리 배치하면서 주기율표

```
                                    Ti = 50    Zr = 90     ? = 180.
                                    V = 51     Nb = 94     Ta = 182.
                                    Cr = 52    Mo = 96     W = 186.
                                    Mn = 55    Rh = 104,4  Pt = 197,4
                                    Fe = 56    Ru = 104,4  Ir = 198.
                            Ni = Co = 59    Pl = 106,6  Os = 199.
                                    Cu = 63,4 Ag = 108    Hg = 200.
        H = 1
              Be = 9,4   Mg = 24    Zn = 65,2 Cd = 112
              B = 11     Al = 27,4    ? = 68  Ur = 116    Au = 197?
              C = 12     Si = 28      ? = 70  Sn = 118
              N = 14     P = 31     As = 75   Sb = 122    Bi = 210?
              O = 16     S = 32     Se = 79,4 Te = 128?
              F = 19     Cl = 35,5  Br = 80   J = 127
        Li = 7 Na = 23   K = 39     Rb = 85,4 Cs = 133    Tl = 204.
                         Ca = 40    Sr = 87,6 Ba = 137    Pb = 207.
                           ? = 45   Ce = 92
                         ? Er = 56  La = 94
                         ? Yt = 60  Di = 95
                         ? In = 75,6 Th = 118?
```

그림 21.3 멘델레예프의 1869년 주기율표.

를 만들었다는 전설이 있습니다만 이 이야기는 역사성이 부족한 것으로 보입니다.[8]

최초의 주기율표를 발표한 이후 멘델레예프는 이 주기율표를 확장하고 체계화하는 데 온 힘을 쏟았습니다. 그는 세상을 뜨는 날까지 여러 차례 주기율표를 개정하여 발표했고 주기율표와 여러 화합물의 물리적 성질, 화학적 성질을 연결하고자 했습니다. 그는 자신의 주기율표를 기준으로 그때까지 알려진 원소의 원자량을 교정했고 역시 주기율표를 기준으로 아직 발견되지 않은 원소의 존재를 예측하고 심지어 그것들의 성질까지 예측했습니다. 1871년 발표한 주기율표에서 멘델레예프는 다양한 원소를 예측했고 그 중 에카붕소(원자량 44), 에카알루미늄(원자량 68), 에카실리콘(원자량 72)에 대해서는 상세한 성질까지 예측합니다. 에카eka-는 산스크리트어에서 1을 의미하는 접두사입니다. 2를 나타내는 접두사는 드비dvi-, 3을 나타내는 접두사는 트리tri-로, 멘델레예프는 예측된 원소가 알려진 원소로부터 몇 칸 떨어져 있는지를 이용해 예측된 원소의 이름을 지었습니다. 이런 식으로 멘델레예프는 열 가지 원소를 더 예측했는데 이 중에서는 다섯 개만 성공했습니다.[9]

1875년 8월 27일 드부아보드랑Lecoq de Boisbaudran(1838-1912)은 분광기를 이용하여 새로운 원소인 갈륨을 발견했음을 보고합니다. 멘델레예프는 보고를 접하고 즉각 이 원소가 자신의 에카알루미늄이라고 주장했죠. 드부아보드랑은 이때까지 멘델레예프의 연구에 대해 전혀 몰랐습니다. 그래서 이에 관해 흥미로운 이야기 한 가지가 전해 옵니다. 드부아보드랑은 처음에 이 원소의 밀도가 15℃에서 4.7 g/mL라고 보고했고 이는 멘델레예프의 예측값 5.9-6.0 g/mL에서 벗어나는 결과였습니다. 멘델레예프는 즉각 편지를 보내 자신의 예측값을 알려 주었고 드부아보드랑은 조심스럽게 밀도를 재측정하여 1876년 5.935 g/mL라는 결과를 얻었습니다. 이 결과를 들은 멘델레예프가 얼마나 의기양양했을까요. 갈륨이 발견되기 전까지 멘델레예프의 연구는 주기율표 연구를 해 오던 몇 명의 화학자 사이에서만 회자되고 있었습니다. 하지만 갈륨의 발견으로 화학자들은 멘델레예프의 주기율표를 인정할 수밖에 없었고 1879년 닐슨

Lars Fredrik Nilson(1840-1899)이 에카붕소에 해당하는 스칸듐을 발견한 뒤에는 이 주기율표의 위상이 더욱 확고해집니다. 마침내 멘델레예프는 마이어와 함께 1882년 영국 왕립 학회에서 수여하는 데이비 메달Davy medal을 받습니다.

두 개의 새로운 발견으로 어떤 자연 법칙이 '증명'될 수 있을까요? 최소한 멘델레예프의 경우에는 갈륨과 스칸듐이 발견되면서 많은 지지자를 얻은 것은 사실입니다. 하지만 여전히 주기율 법칙이 확실하게 증명된 것은 아니라고 생각하는 화학자가 여럿 있었습니다. 멘델레예프에게는 다행스럽게도 1880년대를 거치면서 주기율표는 여러 번 자신의 가치를 증명합니다. 예를 들어 그전까지 우라늄의 원자량은 60 혹은 120으로 알려져 있었는데 멘델레예프는 주기율표에 기반하여 240이라는 값을 제시했고 결국 이 값이 1882년 실험으로 확인됩니다. 베릴륨의 원자량은 화학자에 따라 9 혹은 14로 주장하고 있었고 그 와중에 멘델레예프는 9를 지지했습니다. 각 입장을 뒷받침하는 실험 결과가 엇갈려서 출판되었지만 결국 1884년 멘델레예프의 예측이 맞았음이 확실하게 입증되었습니다. 그리고 1886년에는 빙클러Clemens Winkler(1838-1904)가 멘델레예프가 예측한 에카실리콘에 해당하는 저마늄을 발견했고 그 성질이 예측과 일치함을 다시 한번 보였습니다. 이러한 사례가 쌓이면서 1880년대 말이 되면 주기율표는 의심의 여지 없는 '과학적 법칙'의 자리에 오릅니다.

이 장에서는 멘델레예프의 주기율표가 탄생한 배경과 그 수용 과정을 살펴보았습니다. 먼저 주기율표는 한 천재가 영감을 받아 순식간에 만들어낸 것이 아니라 거기 필요한 여러 요소들이 차곡차곡 쌓인 후에 만들어진 것임을 확인할 수 있었습니다. 멘델레예프와 같은 시대의 다른 화학자들도 세부적인 차이는 있을지언정 비슷한 아이디어를 제안했고 여전히 멘델레예프가 공을 독식하는 것이 옳지 않다고 생각하는 과학사학자들도 있습니다. 또한 주기율표는 발표되자마자 바로 수용된 것이 아니라 처음 발표된 시점에서 20년 정도의 시간을 들여 오랜 검증 과정을 거쳤음을 보았습니다. 이는 화학의 역사에서 반복되는 패턴입니다. 새로운 아이디어는 쉽게 받아들여지지 않습니다. 특히 실험을 통해 증명하기 어려운 아이디어라면 더 그렇습니다. 그래서 아보가드로의 이론은 오랫동안 배척되었고 50년이 지난 후에야 빛을 볼 수 있었죠. 이와 비교하면 멘델레예프의 주기율표는 그 실험적 근거가 비교적 빠른 시일 내에 마련된 경우라 할 수 있겠습니다.

실용주의, 연금술, 화학

주기율표의 등장과 수용으로 우리가 아는 화학이 거의 완성되었다는 인상을 받을 수도 있겠지만 사실 문제는 그리 간단하지 않았습니다. 멘델레예프가 주기율표를 발표한 1869년, 영국에서는 원자 이론을 두고 뜨거운 토론이 진행되고 있었습니다. 특히 11월 4일에는 '화학회의 역사를 통틀어 기억할 만하고 흥미로운 저녁'이라는 평가를 받은 토론회가 열렸죠.[1] 이 토론회에서 화학자들은 원자가 실재하는 존재인가를 두고 치열하게 공격을 주고받았습니다.

한 무리의 화학자는 원자가 실험적으로 그 존재가 증명되지 않았으므로 그 개념을 사용해서는 안 된다고 주장했습니다. 원자 개념을 활용하여 19세기 화학이 발전한 것은 사실이지만 원자 개념을 사용하지 않고도 화학을 재구성할 수 있으므로 이젠 원자 개념을 폐기할 때가 되었다는 것이죠. 반대편에는 원자의 실재성을 확신하는 화학자가 있었습니다. 이들은 원자 개념이 이렇게까지 성공을 거둔 것은 그 너머에 실체가 있기 때문이라며 설령 실험적으로 검출할 수 없더라도 언젠가 그 실체가 증명될 것이라고 주장했습니다. 이들의 주장은 평행선을 달렸고 이들 사이에는 건널 수 없는 큰 강이 있었습니다.

흥미로운 것은 그 사이에 위치한 사람들입니다. 이들의 입장은 원자가 실재하는지는 알 수 없으나 그 개념이 유용한 것은 사실이니 실재성에 대한 판단은 유보하고 당분간 그 개념을 사용하자는 입장이었습니다. 실용주의라고 분류할 수 있겠죠. 케쿨레는 이런 입장을 대변하는 다음과 같은 말을 남겼습니다. "원자가 존재하는가 아닌가 하는 질문은 오히려 형이상학에 속하는 질문이다. 화학에서는 원자 가설이 화학 현상을 설명하기 위해 적용될 수 있는 가설인가, 원자 가설의 발전이 화학 현상의 메커니즘에 관한 우리 지식을 늘릴 수 있는가만 결정하면 된다. 나는 우리가 훗날 지금 원자라고 부르는 것에 대한 수학적이고 기계적인 설명을 찾아내어 원자량과 원자가를 비롯해 소위 원자의 수많은 성질을 이해하게 될 것이라고 예상한다."[2]

많은 화학자가 이 입장을 따랐고 20세기에 들어와 원자의 존재가 화학계와 물리학계에서 널리 받아들여질 때까지 화학자들은 원자의 실재성을 따지지 않고 원자 개념에 기반하여 연구를 지속했습니다.[3] 예를 들어 판트호프Jacobus van 't Hoff(1852-1911)는 1874년 탄소 원자에 대한 개념을 더 확장하여 탄소 원자의 결합 네 개가 정사면체를 이루는 것처럼 '간주하면' 여러 가지 현상을 더 설명할 수 있다는 가설을 제시했습니다. 오늘날의 우리에게 이는 정답을 미리 내다본 혜안으로 보이지만 당시 판트호프는 이 가설이 그저 화학적 설명을 위한 임시 가설일 뿐 탄소 원자가 실제로 공간상에서 어떻게 존재하는지에 관해서는 전혀 말해 주지 않는다고 강조했습니다.[4]

저는 여기서 이 실용주의를 가지고 우리의 여행을 정리해 보고자 합니다. 우리의 여행은 고대 그리스에서 출발했습니다. 당시 연금술사의 관심사는 금속의 변성을 설명하는 것이었고 우리가 기록으로 확인할 수 있는 가장 오래된 연금술 기록은 영지주의 철학에 기반하여 금속의 변성을 설명했죠. 하지만 그 이후의 연금술사는 아리스토텔레스 등 고대 그리스 철학에서 새로운 이론을 찾았습니다. 그렇다고 해서 영지주의의 설명을 버린 것이 아니라 적당히 두 가지 이론을 섞어서 현상을 설명할 수 있는 체계를 만들어 냈습니다. 하나의 이론으로 확정하지 않는 이러한 사조는 이후에도 계속됩니다. 이슬람과 유럽의 연금술사는 서로 경쟁하는 여러 연금술 이론을 만들었고 한 이론이 다른 이론을 완전히 제압하지 못한 채 각축이 벌어졌습니다. 그 과정에서 다양하고 풍성한 열매가 맺혔죠. 이를 두고 연금술사의 실용주의라고 할 수 있을 것입니다.

물론 한 가지 패러다임이 시대를 휩쓴 적도 있었습니다. 연금술이 화학의 옷을 입고 '계몽'된 이후 한동안 플로지스톤 이론이 화학계의 지배적인 이론으로 군림했고 이어 라부아지에가 화학 혁명을 통해 플로지스톤 이론을 몰아내고 새로운 패러다임을 만듭니다. 여기까지 보면 토머스 쿤이 제시한 과학의 발전 메커니즘과 일치하는 것처럼 보입니다. 쿤은 과학이 아직 과학이 되기 전, 즉 전패러다임preparadigm 상태에서는 여러 패러다임이 서로 경쟁하고 하나의 압도적인 패러다임이 나타나지 못한다고 보았습니다. 그러다가 충분히 과학이 성숙하면 하나의 패러다임이 두각을 드러내고 해당 분야의 과학자는 그 패러다임을 따르게 되죠. 해당 패러다임을 이용하여 연구 현장에서 맞닥뜨리는 문제를 해결하고 젊은 과학자에게도 해당 패러다임을 체계적으로 교육합니다. 이를 가리켜 정상 과학normal science이라고 부릅니다. 그러다가 이 패러다임으로 해결되지 않는 문제가 점점 쌓이면서 새로운 패러다임이 등장합니다. 그리고 많은 과학자가 새로운 패러다임으로 '개종'하면서 상대적으로 짧은 시간 안에 패러다임 교체가 일어나죠. 이를 과학 혁명이라고 부릅니다. 쿤의 체계에 따르면 우리의 이야기에서 18세기 이전까지의 연금술은 전패러다임 단계에 있었고 그 이후에 플로지스톤 이론이 정상 과학의 위치를 점유했다가 화학 혁명이라는 과학 혁명을 통해 라부아지에가 제시한 패러다임이 새로운 정상 과학이 되었다고 볼 수 있습니다. 실제로 쿤은 화학 혁명을 과학 혁명의 대표적인 예로 생각했습니다.[5]

하지만 저는 여기서 화학의 독특한 점을 하나 지적하고 싶습니다. 1800년 전기 현상을 화학 연구에 도입한 이후 거의 백 년 동안, 화학자는 용액 속에서 전기가 어떤 일을 하는지에 대한 만족할 만한 설명을 찾지 못했습니다. 그럼에도 화학자는 그 설명을 찾는 데 집중하는 대신 적당한 임시 가설을 도입하고 그 가설을 이용해 연구를 지속했습니다. 이 임시 가설은 화학자마다 달랐고 이는 하나의 패러다임이 전기화학계를 지배하지 못한 상태라고 볼 수 있습니다. 원자 개념도 마찬가지입니다. 돌턴은 원자의 실재성을 확신했지만 역시 백 년이 넘는 시간 동안 화학자는 그 실재성에 대한 합의를 보지 못한 채 원자 개념을 활용해 왔습니다. (물론 이는 패러다임의 정의에 따라 달라질 것입니다. 쿤의 패러다임은 상당히 느슨하게 정의된 개념이라는 비판을 받습니다.)

이 특징은 물리학의 사례와 비교해 보면 더욱 두드러집니다. 물리학자들은 뉴턴 이후로 완결된 이론 체계를 만드는 것을 중요하게 생각했습니다. 그래서 몇 가지 가설을 기초로 두고 이로부터 수학적으로 도출할 수 있는 체계를 만들곤 했습니다. 예를 들어 뉴턴의 법칙과 중력 법칙을 받아들이기만 하면 수학 법칙을 이용하여 태양계 내 행성의 운동 궤도를 도출할 수 있습니다. 반면 화학자는 물리학자와 달리 '완결된 체계'를 추구하지 않았습니다. 화학자는 적당히 관찰 사실을 설명할 수 있는 합리적인 가설이 존재한다면 그 가설을 차용하여 연구를 진행합니다. 그리고 그 가설 자체를 증명하는 것은 훗날로 미룹니다. 이와 같은 특징 때문에 화학은 물리학과 같은 엄밀한 과학이 아니라고 생각하는 과학자도 더러 있습니다.

이는 어쩌면 화학자가 다뤄 온 문제가 물리학자의 문제보다 더 복잡했기 때문인지도 모릅니다. 원자는 눈에 보이는 존재가 아니고 실험으로 그 존재를 증명하는 것도 쉽지 않습니다. 화학 결합의 본질은 원자 내부의 구조가 알려지고 양자역학이 등장해서야 조금씩 베일을 벗기 시작했습니다. 원자와 화학 결합을 완전히 이해한 후에야 화학 연구를 할 수 있었다면 19세기 화학은 전혀 발전할 수 없었을 것입니다. 그래서 화학자, 그리고 그들의 조상인 연금술사는 많은 경우 일단 현상을 설명할 수 있는 가설이 있다면 받아들이고 그 위에서 연구를 진행하는 식으로 연구를 해 왔습니다.

그렇다면 그 이후로 많이 발전한 오늘날의 화학은 어떨까요? 현업 화학자로서 제가 느끼는 것은, 여전히 화학자는 실용주의적인 입장을 취하고 있다는 것입니다. 화학 결합을 예로 들어보겠습니다. 화학자들은 화학 결합을 이해하기 위해 양자역학에 기반하여 원자가 결합 이론과 분자 오비탈 이론이라는 두 가지 이론을 만들어 냈습니다. 그런데 기초적인 수준에서는 두 이론 모두 정확도가 많이 떨어집니다. 그래서 두 이론에서 발전된 여러 가지 복잡한 이론이 등장했고 이런 복잡한 이론들로는 꽤 정확한 결과를 얻을 수 있습니다. 하지만 연구 결과를 발표할 때 화학자는 이 복잡한 이론 대신에 자신의 연구 결과를 직관적으로 설명할 수 있는 단순한 이론을 사용하는 경향이 있습니다. "기초적인 수준의 원자가 결합 이론과 분자 오비탈 이론은 언뜻 합리적이지만 이 이론을 더 발전시켜 얻은 이론에서는 이렇게 단순한 심상을 얻을 수 없다. 따라서 이러한 단순한 그림이 정확할 수 없다는 것을 알면서도 이것들을 유지하는 것이 필요하다."[6] 이렇게 보면 현대의 화학자도 고대 연금술사처럼 실용적인 입장을 취한다고 할 수 있겠습니다.

이렇게 화학의 역사, 그리고 연금술의 역사를 돌아보면서 우리는 연금술이 화학과 많이 다르지 않다는 것을 알게 됩니다. 연금술사는 욕심에 눈이 멀어 돌덩이를 금으로 만들겠다는 허황된 꿈을 좇던 사기꾼이 아니라 금속의 변성을 설명하고 이 지식을 기반으로 실제로 금속을 변성해 보려 했던 당시의 과학자였습니다. 시간이 흐르면서 이 관심사는 물질의 상호 변환으로 확장되었고 심지어 '살아 있는 물질'인 인체와 물질의 상호 작용까지 연구하게 되었습니다. 보일과 뉴턴 같은 대표적인 과학자도 연금술을 학문으로서 진지하게 탐구했습니다. 그러나 18세기 들어 화학이 근대 과학의 반열에 오르기 위해 연금술의 낡은 옷을 벗어 던지고 새로운 이미지를 만들어 내면서 연금술에 부정적인 이미지가 입혀졌습니다. 안타깝게도 이 이미지는 그 후에도 확대되고 재생산되어 지금에 이르렀습니다.[7] 하지만 앞서 살펴본 것처럼 화학은 여전히 연금술의 실용주의를 계승하고 있습니다. 이제 우리의 이야기를 한 마디로 정리해 봅시다.

연금술사는 과거의 화학자이고, 화학자는 현대의 연금술사입니다.

감사의 글

이 책은 2022년부터 2024년까지 대한화학회에서 발행하는 《화학세계》에 연재했던 글들을 모아 만든 책입니다. 2021년 12월, 《화학세계》 편집위원회 부위원장이셨던 한순규 교수님께서 처음 연재를 제안해 주셨고, 그렇다면 이번 기회에 연금술과 화학의 역사를 천천히 훑어가겠다는 제 아이디어에 좋은 생각이라며 격려해 주셨습니다. 교수님께 특별히 감사드립니다. 이후에도 《화학세계》 편집위원회 교수님들의 성원과 격려 덕분에 연재를 계속해 나갈 수 있었습니다. 2022-2023년 편집위원회의 윤재숙 교수님, 성봉준 교수님, 김정욱 교수님, 그리고 2024-2025년 편집위원회의 조규봉 교수님, 이현수 교수님, 문회리 교수님, 이준석 교수님께 감사드립니다. 투박한 원고를 매번 멋지게 편집해 주신 오민영 선생님과 박성완 선생님께도 감사의 말씀을 전합니다.

연재한 내용을 처음 책으로 만들겠다고 생각했을 때는 이미 재료가 다 마련되어 있었기 때문에 작업이 무척 수월할 것이라 생각했습니다. 하지만 이게 웬걸요. 책을 새로 쓰는 것 못지않게 노력이 들어갔습니다. 특히 전문가가 보아도 틀린 내용이 없도록 내용을 처음부터 검토해야 했죠. 그 작업을 기꺼이 함께 해 주신 분들께 감사 인사를 드립니다. 박요한 선생님께서는 국내에서 찾기 힘든 연금술 역사 전문가로서, 부족한 제 원고를 읽고 좋은 피드백을 주셨습니다. 또한 화학사의 권위자이신 김미경 교수님께서 일면식도 없는 제 원고를 읽고 격려해 주셔서 큰 힘이 되었습니다. 이 지면을 빌어 두 분께 감사 인사를 드립니다. 두 분께서 꼼꼼히 봐주셨지만 피드백을 제대로 반영하지 않아 오류가 남아 있다면 그것은 전적으로 제 잘못입니다.

바다출판사에서 제 연재 글을 보시고 처음 연락을 주셨을 때는 꿈을 꾸는 것 같았습니다. 어릴 적부터 제가 좋아해 온 책들을 출판한 곳에서 제 이름으로 된 책을 출판해 주겠다니요. 권오현 편집자님께서는 전문 화학자나 화학에 관심 있는 사람들만을 독자로 의도하고 쓴 글을 보다 넓은 범위의 독자에게 선보일 수 있도록 고치는 어려운 작업을 함께 해 주셨고 책의 만듦새를 꼼꼼하게 다듬어 주셨습니다. 편집자님께 감사드리며 책을 만드는 과정에 함께 해 주신 바다출판사 관계자분들께도 감사 인사를 전합니다.

끝으로 끊임없이 새로운 일을 벌이는 철없는 남편을 참아주고 응원해 주는 아내와, 아빠의 때 묻고 무뎌진 마음을 반짝반짝 빛나는 마음으로 변성시키는 엘릭시르, 요안이와 리아에게 감사의 말을 전합니다.

이 책을 쓰면서 많은 글을 참고했습니다. 여기서는 일반적으로 사용된 문헌을 정리했고 구체적인 인용에 대해서는 미주로 표시했습니다.

전반적인 연금술의 역사에 대해서는 다음 책이 좋은 입문서입니다.

Lawrence M. Principe, *The Secrets of Alchemy* (Chicago, IL: The University of Chicago Press, 2013).

그리스 연금술에 대해서는 다음 글들을 참고하십시오.

Cristina Viano, "Greco-Egyptian Alchemy", in *The Cambridge History of Science, Volume 1: Ancient Science*, eds. Alexander Jones and Liba Taub (Cambridge, United Kingdom: Cambridge University Press, 2018).

Vangelis Koutalis, Matteo Martelli, and Gerasimos Merianos, "Graeco-Egyptian, Byzantine and Post-Byzantine Alchemy: Introductory Remarks", in *Greek Alchemy from Late Antiquity to Early Modernity*, ed. E. Nicoladis (Turnhout, Belgium: Brepols Publishers, 2018).

이슬람 연금술에 대해서는 다음 글을 참고하십시오.

Georges C. Anawati, "Arabic Alchemy", in *Encyclopedia of the History of Arabic Science*, Volume 3, ed. Roshdi Rashed (New York, NY: Routledge, 1996).

중세 이후 유럽의 연금술에 대해서는 다음 글들을 참고하십시오.

윌리엄 뉴먼, 《프로메테우스의 야망》, 박요한 옮김(도서출판 길, 2023).

William R. Newman, *Atoms and Alchemy* (Chicago and London: The University of Chicago Press, 2006).

William R. Newman, "Medieval Alchemy," in *The Cambridge History of Science*, Volume 2: *Medieval Science*, eds. David C. Lindberg and Michael H. Shank (Cambridge, United Kingdom: Cambridge University Press, 2015).

William R. Newman, "From Alchemy to 'Chmystry,'" in *The Cambridge History of Science*, Volume 3: Early Modern Science, eds. Katharine Park and Lorraine Daston (Cambridge, United Kingdom: Cambridge University Press, 2016).

뉴턴의 연금술에 대해서는 다음 글이 좋은 길잡이가 됩니다.

William R. Newman, "A Preliminary Reassessment of Newton's Alchemy," in *The Cambridge Companion to Newton*, eds. Rob Iliffe and George E. Smith (Cambridge, United Kingdom: Cambridge University Press, 2016).

William R. Newman, *Newton the Alchemist: Science, Enigma, and the Quest for Nature's "Secret Fire"* (Princeton, NJ: Princeton University Press, 2019).

화학 혁명을 중심으로 한 18세기의 화학에 대해서는 다음과 같은 글이 있습니다.

장하석, 《물은 H₂O인가? 증거, 실재론, 다원주의》, 전대호 옮김(김영사, 2021).

Jan Golinski, "Chemistry," in *The Cambridge History of Science, Volume 4: Eighteenth-Century Science*, ed. Roy Porter (Cambridge, United Kingdom: Cambridge University Press, 2003).

Mi Gyung Kim, *Affinity, That Elusive Dream: A Genealogy of the Chemical Revolution*

(Cambridge, MA: MIT Press, 2003).

Mi Gyung Kim, "Enlightenment Chemistry as an 'Experimental Science'," *The Korean Journal for the History of Science* 40, 237–264 (2018).

이 중 장하석의 《물은 H$_2$O인가? 증거, 실재론, 다원주의》는 과학학계의 유명한 학술지 《과학사및과학철학연구 Studies in History and Philosophy of Science》에서 그 책을 두고 두 명의 과학사학자가 비평을 내고 장하석이 그에 대한 답변을 제시하는 특집 호를 마련할 정도로 학계의 관심을 받았습니다.

Martin Kusch, "Scientific pluralism and the Chemical Revolution," *Studies in History and Philosophy of Science* 49, 69–79 (2015).

Ursula Klein, "A Revolution that never happened," *Studies in History and Philosophy of Science* 49, 80–90 (2015).

Hasok Chang, "The Chemical Revolution revisited," *Studies in History and Philosophy of Science* 49, 91–98 (2015).

원자설의 발전에 관하여는 다음 글을 참조하십시오.

Alan J. Rocke, "Atoms and Equivalents: The Early Development of the Chemical Atomic Theory," *Historical Studies in the Physical Sciences* 9: 225–263 (1978).

L. A. Whitt, "Atoms or Affinities? The Ambivalent Reception of Daltonian Theory," *Studies in History and Philosophy of Science*. 21 (1): 57–89 (1990).

Hans-Werner Schütt, "Chemical Atomism and Chemical Classification" in *The Cambridge History of Science, Volume 5: The Modern Physical and Mathematical Sciences*, ed. Mary Jo Nye (Cambridge, United Kingdom: Cambridge University Press, 2002).

유기화학의 개념적, 방법론적 발전은 다음 글을 참고하십시오.

Alan J. Rocke, "The Theory of Chemical Structure and Its Applications" in *The*

Cambridge History of Science, Volume 5: The Modern Physical and Mathematical Sciences, ed. Mary Jo Nye (Cambridge, United Kingdom: Cambridge University Press, 2002).

Alan J. Rocke, "Organic Analysis in Comparative Perspective: Liebig, Dumas, and Berzelius, 1811–1837," in *Instruments and Experimentation in the History of Chemistry*, eds. F.L. Holmes and T.H. Levere (Cambridge, MA: MIT Press, 2000).

N. W. Fisher, "Organic Classification before Kekulé," *Ambix* 20 (2): 106–131 (1973).

N. W. Fisher, "Organic Classification before Kekulé: Part 2," *Ambix* 20 (3): 209–233 (1973).

N. W. Fisher, "Kekulé and Organic Classification," *Ambix* 21 (1): 29–52 (1974).

들어가는 글

1 Thomas Kuhn, "What are Scientific Revolutions?", in *The Probabilistic Revolution, Volume I: Ideas in History*, eds. L. Kruger, L. Daston, and M. Heidelberger (Cambridge, MA: MIT Press, 1987), 7–22.

2 장하석(2021), 35–62.

3 관련 이야기는 다양한 책에서 다루고 있습니다. 몇 가지 우리말로 된 책을 소개하면 다음과 같습니다. 마리오 비아지올리,《궁정인 갈릴레오》, 박초월 옮김(소요서가, 근간); 데이바 소벨,《갈릴레오의 딸》, 홍현숙 옮김(웅진지식하우스, 2012); 마이클 화이트,《교회의 적, 과학의 순교자 갈릴레오》, 김명남 옮김(사이언스북스, 2009).

4 William R. Newman and Lawrence M. Principe, "Alchemy vs. Chemistry: the Etymological Origins of a Historiographic Mistake", *Early Science and Medicine* 3:1 (1998), 32–65.

1장

1 Lawrence M. Principe (2013), 10–11쪽. 저자는 직접 이 실험을 수행한 뒤 자랑스럽게 사진을 책에 실어 두었습니다.

2 예를 들어 Martelli Martelli and Maddalena Rumor, "Near Eastern Origins of

Graeco-Egyptian Alchemy", in Esoteric Knowledge in Antiquity, eds. Klaus Geus and Mark Geller (preprint, 2014).

2장

1 이 번역 과정에 관해 더 깊이 알고 싶은 분들은 다음 책을 참조하시기 바랍니다. 드미트리 구타스, 《그리스 사상과 아랍 문명》, 정영목 옮김(글항아리, 2013).

2 Ahmad Y. Al-Hassan, "The Arabic Original of Liber de Compositione Alchemiae," *Arabic Sciences and Philosophy*, Vol. 14 (2004): 213-231.

3장

1 '12세기 르네상스'를 중요한 개념으로 다룬 최초의 연구는 1927년에 출판된 다음 책을 참고하십시오. C. H. 해스킨스, 《12세기 르네상스》, 이희만 옮김(혜안, 2017). 해스킨스의 이 저작을 비판적으로 다룬 후세 연구에 관해서는 다음 책을 참고하십시오. 로버트 스완슨, 《12세기 르네상스》, 최종원 옮김(심산, 2009).

2 연금술사의 사회적 이미지는 다음 문헌에서 깊이 탐구합니다. Tara Nummedal, *Alchemy and Authority in the Holy Roman Empire* (Chicago, IL: The University of Chicago Press, 2007), pp. 43-48.

4장

1 Dane T. Daniel, "Invisible Wombs: Rethinking Paracelsus's Concept of Body and Matter," *Ambix* 53, 129-142 (2006).

2 파라켈수스가 사용한 'principle'이라는 용어는 번역이 까다로운 용어입니다. 흔한 번역을 따른다면 '원리'로 번역할 수 있지만 근대 과학의 원리 개념과 혼동을 일으킬 수 있습니다. '질료'라는 번역어 역시 아리스토텔레스-스콜라 철학의 질료-형상 개념과 혼동을 일으킬 수 있습니다만, 그럼에도 그나마 '질료'가 파라켈수스가 주장한 개념에 가까운 심상을 떠올리는 단어이므로 해당 단어를 채택했습니다.

298

5장

1 William R. Newman, "Robert Boyle, Transmutation, and the History of Chemistry before Lavoisier: A Response to Kuhn," *Osiris* 29, 63-77 (2014).

2 다음 유명한 과학사 고전은 보일의 진공 연구가 갖는 의미를 깊이 논의합니다. Steven Shapin and Simon Schaffer, *Leviathan and the Air-Pump: Hobbes, Boyle, and the Experimental Life* (Princeton University Press: Princeton, NJ, 1985).

3 Thomas Kuhn, "Robert Boyle and Structural Chemistry in the Seventeenth Century," *Isis* 43, 12-36 (1952).

4 Marie Boas [Hall], "The Establishment of the Mechanical Philosophy," *Osiris* 10, 412-541 (1952).

5 Lawrence Principe, "In Retrospect: The Sceptical Chymist," *Nature* 469, 30-31 (2011).

6장

1 뉴턴의 사과 이야기는 뉴턴에 관한 대표적인 에피소드이지만 일반적으로 알려진 이야기는 다소 과장된 것으로 보입니다. 로널드 L. 넘버스, 코스타스 카푸러키스, 《통념과 상식을 거스르는 과학사》, 김무준 옮김(파주: 글항아리, 2019), 71-81쪽 참조.

2 미적분학에 대해서는 라이프니츠와의 우선권 논쟁이 있습니다. A. Rupert Hall, *Philosophers at War: The Quarrel between Newton and Leibniz* (Cambridge, United Kingdom: Cambridge University Press, 1980) 참조.

3 A. Rupert Hall and Marie Boas Hall, "Newton's Theory of Matter," *Isis* 51 (2): 131-144 (1960).

4 William R. Newman, "Newton's Reputation as an Alchemist and the Tradition of Chymiatria," in *Reading Newton in Early Modern Europe*, eds. Elizabethanne A. Boran and Mordechai Feingold (Leiden, Netherlands; Brill, 2017).

5 https://webapp1.dlib.indiana.edu/newton/

6 Stephen D. Snobelen, "Isaac Newton, Heretic: the Strategies of a Nicodemite," *The British Journal for the History of Science* 32 (4): 381-419 (1999).

7 Newman (2016), 468-475쪽.

8 William R. Newman, "Newton's Early Optical Theory and its Debt to Chymistry," *Lumière et vision dans les sciences et dans les arts*, eds. Danielle Jacquart and Michel Hochmann (Geneva, Switzerland: Droz, 2010).

7장

1 Lawrence M. Principe, "Alchemy Restored," *Isis* 102, 305-312 (2011).

2 당시 이름으로는 자연철학natural philosophy입니다만 독자들의 빠른 이해를 돕기 위해 이후 물리학으로 표기합니다.

3 장하석(2021), 112-122쪽.

8장

1 장하석(2021), 40쪽에서 재인용.

2 장하석(2021), 97-98쪽에서 재인용.

3 장하석(2021), 1.2.3.2절.

4 예를 들어 Golinski(2003), 394쪽.

5 Lissa Roberts, "The Death of the Sensuous Chemist: The 'New' Chemistry and the Transformation of Sensuous Technology," *Studies in History and Philosophy of Science* 26: 503-529 (1995).

6 Shapin and Schaffer(1985).

7 잔 골린스키, "'실험의 정확성': 18세기 후반 화학에서 측정의 정밀성과 추론의 정밀성", 천현득 역, 《역사로 과학 읽기: 프리즘》, 박민아·김영식 편(서울대학교출판문화원: 서울, 2014).

8 Smeaton, "The Contributions of P.-J. Macquer, T. O. Bergman and L. B. Guyton de Morveau to the Reform of Chemical Nomenclature," *Annals of Science*. 10: 87-106 (1954).

9 Lefèvre, "The Méthode de nomenclature chimique (1787): A Document of Transition," *Ambix* 65: 9-29 (2018).

10 이충훈, 〈혁명의 예견과 준비: 라부아지에 화학혁명의 이념과 전망〉,《불어문화권연구》제24호, 287-320쪽 (2014).

11 이충훈(2014), 309쪽.

12 Levere, "Lavoisier: Language, Instruments, and the Chemical Revolution," in *Nature, Experiment, and the Sciences: Essays on Galileo and the History of Science*, eds. Levere and Shea (Dordrecht, the Netherlands: Kluwer Academic Publishers, 1990).

13 브루스 T. 모런,《지식의 증류: 연금술, 화학, 그리고 과학혁명》(서울: 지호, 2006), 272-273쪽.

14 이충훈(2014), 310-311쪽에서 인용하면서 일부 수정.

15 Hoffmann, "Mme. Lavoisier," *American Scientist* 90: 22-24 (2002).

9장

1 Bernadette Bensaude-Vincent, "A Founder Myth in the History of Sciences? The Lavoisier Case," in *Functions and Uses of Disciplinary Histories*, vol. VII, eds. Loren Graham, Wolf Lepenies, and Peter Weingart (Dordrecht, Netherlands: D. Reidel Publishing Company, 1983), pp. 53-78.

2 W. A. Smeaton, "The Contributions of P.-J. Macquer, T. O. Bergman and L. B. Guyton de Morveau to the Reform of Chemical Nomenclature," *Annals of Science* 10: 88 (1954).

3 Marco Beretta, "T. O. Bergman and the Definition of Chemistry," *Lychnos* (1988), 49-50.

4 베리만의 이야기는 다음 글을 참고했습니다. Marco Beretta, "T. O. Bergman and the Definition of Chemistry," *Lychnos* (1988), 37-67; Michael D. Gordin, *Scientific Babel* (Chicago, IL: The University of Chicago Press, 2015), pp. 41-48; Hjalmar Fors, *Mutual Favours: The Social and Scientific Practice of Eighteenth-*

Century Swedish Chemistry, Ph.D. dissertation, Uppsala University (2003).

5 드모르보에 관한 이야기는 다음 글을 참고했습니다. W. A. Smeaton, "The Contributions of P.-J. Macquer, T. O. Bergman and L. B. Guyton de Morveau to the Reform of Chemical Nomenclature," *Annals of Science* 10: 87-106 (1954); Bernadette Bensaude-Vincent, "Languages in Chemistry, in *The Cambridge History of Science, Volume 5: The Modern Physical and Mathematical Sciences*, ed. Mary Jo Nye (Cambridge, United Kingdom: Cambridge University Press, 2002).

6 Lefèvre, "*The Méthode de nomenclature chimique* (1787): A Document of Transition," *Ambix* 65: 9-29 (2018).

7 Ferenc Szabadváry, *History of Analytical Chemistry*, trans. Gyula Svehla (Oxford, UK: Pergamon Press, 1960), pp. 85-90, 97-105.

10장

1 존 허드슨, 《화학의 역사》, 고문주 옮김(㈜도서출판 북스힐, 2005), 131-133쪽.

2 베르톨레-프루스트 논쟁에 관해 참고한 글은 다음과 같습니다. Satish C. Kapoor, "Berthollet, Proust, and Proportions," *Chymia* 10: 53-110 (1965); Kiyohisa Fujii, "The Berthollet-Proust Controversy and Dalton's Atomic Theory 1800-1820," *The British Journal for the History of Science* 19: 177-200 (1986).

3 장하석(2021), 2장.

4 Aaron J. Ihde, *The Development of Modern Chemistry* (New York, NY: Dover Publications, Inc., 1984), pp. 124-125.

11장

1 리처드 파인만 외, 《파인만의 물리학 강의 I》, 박병철 옮김(도서출판 승산, 2005), 1-3.

2 제가 살펴본 책들은 다음과 같습니다. 항목의 개수나 각 문장의 길이는 책마다 조금씩 다르지만 내용은 대동소이합니다. 본문에는 옥스토비 일반화학 책

의 설명을 수록했습니다.《옥스토비의 일반화학》, 제7판, Cengage(2020), p. 12;《레이먼드 창의 일반화학》, 제12판, 사이플러스(2020), p. 66;《줌달의 일반화학》, 제10판, Cengage(2020), p. 47;《실버버그의 일반화학》, 제8판, 사이플러스(2019), p. 68;《마스터톤의 일반화학》, 제8판, Cengage(2019), pp. 26-27.

3 Alan J. Rocke, "In Search of El Dorado: John Dalton and the Origins of the Atomic Theory," *Social Research* 72, 125-158 (2005); Arnold W. Thackray, "The Emergence of Dalton's Chemical Atomic Theory: 1801-08," *The British Journal for the History of Science* 3, 1-23 (1966).

4 Mi Gyung Kim, "The Layers of Chemical Language, I: Constitution of Bodies v. Structure of Matter," *History of Science* 30, 74 (1992).

5 Mi Gyung Kim, "The Layers of Chemical Language, II: Stabilizing Atoms and Molecules in the Practice of Organic Chemistry," *History of Science* 30, 397-437 (1992).

6 John J. Carroll, "Henry's Law: A Historical Law," *Journal of Chemical Education* 70: 91-92 (1993).

7 Philip Ball, "In Retrospect: A New System of Chemical Philosophy," *Nature* 537: 32-33 (2016).

8 John Dalton, *A New System of Chemical Philosophy*, Vol. 1, pp. 211-216.

9 Rocke(1978), 237쪽.

10 Leonard K. Nash, "The Origin of Dalton's Chemical Atomic Theory," *Isis* 47: 101-116 (1956).

11 최근에는 아마추어 과학사학자들도 이 논쟁에 뛰어들었습니다. 일례로 다음과 같은 논문들이 있습니다. Herbert T. Pratt, "A Letter Signed: The Very Beginning of Dalton's Atomic Theory," *Ambix* 57: 301-310 (2010); Mark I. Grossman, "John Dalton's 'Aha' Moment: the Origin of the Chemical Atomic Theory," *Ambix* 68: 49-71 (2021).

12장

1 John Dalton, *A New System of Chemical Philosophy*, Vol. 1, pp. 214–215.

2 Rocke(1978), 231–232쪽.

3 Colin A. Russell, "The Electrochemical Theory of Sir Humphry Davy, Part I: the Voltaic Pile and Electrolysis," *Annals of Science* 15 (1): 1–13 (1959).

4 Rocke(1978), Table 2에서 재인용.

5 Kiyohisa Fujii, "The Berthollet–Proust Controversy and Dalton's Chemical Atomic Theory 1800–1820," *The British Journal for the History of Science* 19 (2): 177–200 (1986).

6 Nicholas Fisher, "Avogadro, the Chemists, and Historians of Chemistry: Part 1," *History of Science* 20 (2): 77–102 (1982).

7 Mi Gyung Kim, "The Layers of Chemical Language, II: Stabilizing Atoms and Molecules in the Practice of Organic Chemistry," *History of Science* 30, 397–437 (1992).

13장

1 Ferenc Szabadváry, *History of Analytical Chemistry*, trans. Gyula Svehla (Oxford, UK: Pergamon Press, 1960), Chapter VI.

2 Kiyohisa Fujii, "The Berthollet–Proust Controversy and Dalton's Chemical Atomic Theory 1800–1820," *The British Journal for the History of Science* 19 (2): 177–200 (1986).

3 Rocke(1978), Table 2에서 재인용.

4 Ursula Klein, "Berzelian Formulas as Paper Tools in Early Nineteenth–Century Chemistry," *Foundations of Chemistry* 3: 7–32 (2001).

5 Colin A. Russell, "The Electrochemical Theory of Berzelius, Part I: Origins of the Theory," *Annals of Science* 19 (2): 117–126 (1963).

14장

1 Aaron J. Ihde, *The Development of Modern Chemistry* (New York, NY: Dover Publications, Inc., 1984), Chapter 7.

2 Ursula Klein, "Berzelian Formulas as Paper Tools in Early Nineteenth-Century Chemistry," *Foundations of Chemistry* 3: 7-32 (2001).

3 John H. Brooke, "Wöhler's Urea, and its Vital Force?-a Verdict from the Chemists," *Ambix* 15 (2): 84-114 (1968); Peter J. Ramberg, "The Death of Vitalism and The Birth of Organic Chemistry: Wöhler's Urea Synthesis and the Disciplinary Identity of Organic Chemistry," *Ambix* 47 (3): 170-195 (2000).

4 Douglas McKie, "Wöhler's 'Synthetic' Urea and the Rejection of Vitalism: a Chemical Legend," *Nature* 153: 608-610 (1944).

15장

1 T. E. Thorpe, "Berzelius and Wöhler," *Nature* 31: 196-197 (1885).

2 Soledad Esteban, "Liebig-Wöhler Controversy and the Concept of Isomerism," *Journal of Chemical Education* 85 (9): 1201-1203 (2008).

3 Catherine Mary Jackson, *Analysis and Synthesis in Nineteenth-Century Organic Chemistry*, Ph.D. dissertation, 103쪽.

16장

1 Alan Rocke, "The Rise of Academic Laboratory Science: Chemistry and the 'German Model' in the Nineteenth Century," in *A Global History of Research Education: Disciplines, Institutions, and Nations, 1840-1950,* eds. Ku-ming (Kevin) Chang and Alan Rocke (Oxford, UK: Oxford University Press, 2021); Alan J. Rocke, "Origins and Spread of the "Giessen Model" in University Science," *Ambix* 50 (1): 90-115 (2003); Frederic L. Holmes, "The Complementarity of Teaching and Research in Liebig's Laboratory," Osiris 5: 121-164 (1989); J. B.

Morrell, "The Chemist Breeders: the Research Schools of Liebig and Thomas Thomson," *Ambix* 19 (1): 1-46 (1972).

2 독일 과학의 부상에 관한 자세한 논의는 김경만,《과학지식과 사회이론》(한길사, 서울: 2004), 42-57쪽과 Alan Rocke (2021), 42-47쪽을 참조하십시오.

3 김경만(2004), 52쪽에서 재인용.

4 Homles (1989) 참조.

5 합성화학에 관한 논의는 다음의 글을 많이 참조했습니다. Catherine M. Jackson, "Synthetical Experiments and Alkaloid Analogues: Liebig, Hofmann, and the Origins of Organic Synthesis," *Historical Studies in the Natural Sciences* 44 (4): 319-363 (2014).

6 J. Schummer, "Scientometric studies on chemistry, I: The exponential growth of chemical substances, 1800-1995," *Scientometries* 39: 107-123 (1997).

17장

1 뒤마의 연구에 대한 꼼꼼한 분석은 다음의 글을 참조하십시오. Satish C. Kapoor, "Dumas and Organic Classification," *Ambix* 16 (1-2): 1-65 (1969).

2 John Hedley Brooke, "Laurent, Gerhardt, and the Philosophy of Chemistry," *Historical Studies in the Physical Sciences* 6: 405-429 (1975).

3 Takaaki Inuzuka, *Alexander Williamson: A Victorian Chemist and the Making of Modern Japan*, translated by Haruko Laurie (London, United Kingdom: UCL Press, 2021).

18장

1 Virginia M. Schelar, "Thermochemistry and the Third Law of Thermodynamics," *Chymia* 11: 99-124 (1966).

2 Fisher(1974), 30쪽.

3 Schütt(2002), 247쪽.

4 Catherine M. Jackson, "Synthetical Experiments and Alkaloid Analogues: Liebig, Hofmann, and the Origins of Organic Synthesis," *Historical Studies in the Natural Sciences* 44 (4): 319–363 (2014).

5 Alan J. Rocke, "Hypothesis and Experiment in the Early Development of Kekulé's Benzene Theory," *Annals of Science* 42: 355–381 (1985).

6 Crosbie Smith, "Force, Energy, and Thermodynamics" in *The Cambridge History of Science, Volume 5: The Modern Physical and Mathematical Sciences*, ed. Mary Jo Nye (Cambridge, United Kingdom: Cambridge University Press, 2002); Gregory S. Girolami, "A Brief History of Thermodynamics, As Illustrated by Books and People," *Journal of Chemical & Engineering Data* 65 (2): 298–311 (2020).

19장

1 Bernadette Bensaude-Vincent, "Languages in Chemistry" in *The Cambridge History of Science, Volume 5: The Modern Physical and Mathematical Sciences*, ed. Mary Jo Nye (Cambridge, United Kingdom: Cambridge University Press, 2002); Clara de Milt, "Carl Weltzien and the Congress at Karlsruhe," *Chymia* 1: 153–169 (1948); Clara de Milt, "The Congress at Karlsruhe," *Journal of Chemical Education* 28 (8): 421–425 (1951); Aaron J. Ihde, "The Karlsruhe Congress: A Centennial Retrospect," *Journal of Chemical Education* 38 (2): 83–86 (1961).

2 자세한 논의는 다음 글 참조. Mi Gyung Kim, "The Layers of Chemical Language, II: Stabilizing Atoms and Molecules in the Practice of Organic Chemistry," *History of Science* 30 (4): 397–437 (1992).

3 Michael W. Mönnich, "Für unsere schöne Wissenschaft eine Einigung anzubahnen," *Nachrichten aus der Chemie* 58: 539–543 (2010).

4 Cannizzaro, "Sunto di un corso di filosofia chimica," *Il nuovo cimento*, vii (1858).

5 Harold Hartley, "Stanislao Cannizzaro, F.R.S. (1826-1910) and the First International Chemical Conference at Karlsruhe in 1860," *Notes and Records of*

the Royal Society of London 21 (1): 56–63 (1966).

6   Nicholas Fisher, "Avogadro, the Chemists, and Historians of Chemistry: Part 1," *History of Science* 20 (2): 77–102 (1982); Alan Chalmers, "From Avogadro to Cannizzaro: The Old Story" in *The Scientist's Atom and the Philosopher's Stone* (Dordrecht, Netherlands: Springer Dordrecht, 2009).

7   Fisher(1982), 84쪽.

8   C. Truesdell, "Early Kinetic Theories of Gases," *Archive for History of Exact Sciences* 15 (1): 1–66 (1975).

20장

1   Alan J. Rocke, "Subatomic Speculations and the Origin of Structure Theory," *Ambix* 30 (1): 13 (1983).

2   소련 및 러시아 과학자들은 이를 근거로 부틀레로프가 구조 이론의 창시자라고 보았으며 그가 러시아 과학자였기 때문에 서구에서 그간 무시되어 왔다고 주장했습니다. 하지만 화학 구조라는 용어를 창안했다는 이유만으로 그가 창시자라고 하는 것도 무리가 있습니다. 많은 과학사학자들은 그 시기에 여러 사람이 구조 이론에 기여했으며 특히 케쿨레의 탄소 사슬 개념이 없었다면 구조 이론이 나타날 수 없었다고 생각합니다. A. J. Rocke, "Kekulé, Butlerov, and the Historiography of the Theory of Chemical Structure," *The British Journal for the History of Science* 14 (1): 27–57 (1981) 참조.

3   Kekulé, *Lehrbuch der organischen Chemie*, Vol. I (1859), p. 162.

4   Alexander Crum Brown, "On the Theory of Isomeric Compound," *Transactions of the Royal Society of Edinburgh* 23: 707–719 (1864), p. 708.

5   Alan J. Rocke, "Hypothesis and Experiment in the Early Development of Kekulé's Benzene Theory," *Annals of Science* 42: 355–381 (1985).

6   Rocke (1985), pp. 355–356에서 재인용.

7   Francis R. Japp, "Kekulé Memorial Lecture," *Journal of the Chemical Society,*

Transactions. 73: 97–138 (1898).

8 Byron Vanderbilt, "Kekule's whirling snake: Fact or fiction," *Journal of Chemical Education*. 52 (11): 709 (1975).

21장

1 Stephen G. Brush, "The Reception of Mendeleev's Periodic Law in America and Britain," *Isis* 87, 595–628 (1996); Michael D. Gordin, "The Textbook Case of a Priority Dispute: D. I. Mendeleev, Lothar Meyer, and the Periodic System," in *Nature Engaged: Science in Practice from the Renaissance to the Present*, eds. Mario Biagioli and Jessica Riskin (New York, NY: Palgrave Macmillan, 2012); Masanori Kaji, "Mendeleev's Discovery of the Periodic Law: the Origin and the Reception," *Foundations of Chemistry* 5, 189–214 (2003).

2 Don C. Rawson, "The process of discovery: Mendeleev and the periodic law," *Annals of Science* 31 (3), 181–204 (1974).

3 Jan W. van Spronsen, "The Prehistory of the Periodic System of the Elements," *Journal of Chemical Education* 36 (11), 565–567 (1959); Heinz Cassebaum and George B. Kauffman, "The Periodic System of the Chemical Elements: The Search for Its Discoverer," *Isis* 62 (3), 314–327 (1971).

4 이하의 논의는 Cassebaum and Kauffman (1971)과 Gordin (2012)를 주로 참조했고 다음 책의 도움을 받았습니다. *150 Years of the Periodic Table*, eds. Carmen J. Giunta, Vera V. Mainz, and Gregory S. Girolami (Cham, Switzerland: Springer Nature Switzerland, 2021).

5 J. W. van Spronsen, "The Priority Conflict between Mendeleev and Meyer," *Journal of Chemical Education*. 46, 136–139 (1969).

6 Gordin (2012), 60–61쪽.

7 Loren R. Graham, *Science in Russia and the Soviet Union: A Short History* (Cambridge, UK: Cambridge University Press, 1993), 32–55.

8   Michael D. Gordin, "Paper Tools and Periodic Tables: Newlands and Mendeleev Draw Grids," *Ambix* 65 (1), 30-51 (2018).

9   Philip J. Stewart, "Mendeleev's Predictions: Success and Failure," *Foundations of Chemistry* 21, 3-9 (2019) 참조.

나가는 글

1   Brock and Knight, "The Atomic Debates: 'Memorable and Interesting Evenings in the Life of the Chemical Society'," *Isis* 56 (1), 5-25 (1965).

2   Mary Jo Nye, *From Chemical Philosophy to Theoretical Chemistry: Dynamics of Matter and Dynamics of Disciplines, 1800-1950* (Berkeley, CA: University of California Press, 1993), 70쪽에서 재인용.

3   Mary Jo Nye, "The Nineteenth-Century Atomic Debates and the Dilemma of an 'Indifferent Hypothesis'," *Studies in History and Philosophy of Science* 7 (5), 245-268 (1976).

4   Alan J. Rocke, "The 'Indifferent Hypothesis' Redux: the Dilemmas of Pierre Duhem," *Historical Studies in the Natural Sciences* 47 (3), 268-292 (2017).

5   토머스 S. 쿤, 《과학혁명의 구조》, 김명자, 홍성욱 옮김(서울: 까치, 2013), 153-157.

6   Felix A. Carroll, *Perspectives on Structure and Mechanism in Organic Chemistry* (Pacific Grove, CA: Brooks/Cole Publishing Company, 1998), 53쪽.

7   Principe(2013), 83-106쪽.

그림 출처

1.1 wikipedia

2.1 https://www.nlm.nih.gov/hmd/arabic/alchemy50.html

3.1 wikipedia

4.1 wikipedia

5.1 Science History Institute

6.1 The Huntington Library

7.1 wikipedia

9.1 wikipedia

10.1 Ramanauskas, Rimantas, and Rasa Pauliukaite. "THEODOR GROTTHUSS' THEORY OF ELECTROLYSIS: 210th Anniversary." *Electrochimica Acta* 252 (2017): 1-3.

11.1 wikipedia

15.1 wikipedia

16.1 germanhistorydocs.org

19.1 Kekule, *Lehrbuch der organischen Chemie* (1861).

20.1 A. Couper, "Sur une nouvelle théorie chimique," *Comptes rendus hebdomadaires des séances de l'Académie des sciences* 55: 1157-1160 (1858); A. Crum Brown, "On the Theory of Isomeric Compounds," *Transactions of the Royal Society of*

Edinburgh 23 (3): 707–719 (1864).

20.2 Kekulé, *Lehrbuch der organischen Chemie*, Vol. I (1859); J. Loschmidt, *Chemische Studien* (1861); Hofmann, "On the combining power of atoms," *Proceedings of the Royal Institution of Great Britain* 4: 401–430 (1865).

20.3 Kekulé, *Lehrbuch der organischen Chemie*, Vol. II (1866), pp. 371–3, 388–9.

21.1 Newlands, "On the Law of Octaves," *Chemical News* 12, 83 (1865).

21.2 Lothar Meyer, Die modernen Theorien der Chemie und ihre Bedeutung fur die chemische Statik (Breslau: Maruschke & Berendt, 1864), 137.

21.3 D. I. Mendeleev, *Periodicheskii Zakon. Klassiki Nauki*, ed. B. M. Kedrov (Moscow: Izd. AN SSSR, 1958), 9.

찾아보기

알-케미아

초판 1쇄 발행 2025년 7월 25일

지은이 최정모
책임편집 권오현
디자인 이상재

펴낸곳 (주)바다출판사
주소 서울시 마포구 성지1길 30 3층
전화 02 - 322 - 3885(편집) 02 - 322 - 3575(마케팅)
팩스 02 - 322 - 3858
이메일 badabooks@daum.net
홈페이지 www.badabooks.co.kr

ISBN 979-11-6689-360-5 03400